名师名校名校长

凝聚名师共识
回应名师关怀
打造名师品牌
培育名师群体

程明远题

本书系2023年度安徽省教育信息技术研究课题
"基于'网络平台'开展城乡小学信息科技协同教学的路径研究"
（立项号为：AH2023131）的研究成果

青少年
趣玩物联网
与人工智能

贺森 ◎ 著

西安出版社

图书在版编目（CIP）数据

青少年趣玩物联网与人工智能 / 贺森著. — 西安：
西安出版社，2024. 7. — ISBN 978-7-5541-7618-4

Ⅰ. TP393.4-49；TP18-49

中国国家版本馆CIP数据核字第20249FM498号

青少年趣玩物联网与人工智能
QINGSHAONIAN QUWAN WULIANWANG YU RENGONGZHINENG

出版发行：西安出版社
社　　址：西安市曲江新区雁南五路 1868 号影视演艺大厦 11 层
电　　话：（029）85264440
邮政编码：710061
印　　刷：北京政采印刷服务有限公司
开　　本：787mm×1092mm　1 / 16
印　　张：16.25
字　　数：275千字
版　　次：2024 年 7 月第 1 版
印　　次：2025 年 3 月第 1 次印刷
书　　号：ISBN 978-7-5541-7618-4
定　　价：58.00 元

前言

亲爱的读者：

欢迎来到《青少年趣玩物联网与人工智能》的奇妙世界！这本书将带领你进入物联网和人工智能的神秘领域，探索它们在我们日常生活中的应用。无论你是一个对科技充满好奇心的初学者，还是一个想要深入学习的进阶者，本书都将成为你的良师益友。

本书采用了PBL项目式学习方式，通过一系列有趣的项目，让你在实践中掌握物联网和人工智能的核心原理。你将学习使用Arduino和k210主控、ESP8266 WiFi模块，结合各类传感器和Linkboy软件，完成13个富有趣味性的实际项目。这些项目不仅能让你了解物联网的基础知识，还能让你掌握硬件设备的使用和编程技能。

在第一篇章中，我们将引导你深入了解物联网的相关知识和应用。你将学习Arduino硬件的结构和使用，以及Linkboy软件的详细介绍。第二篇章将通过6个具体的案例，让你了解物联网的基本使用方法，并对一些基础的传感器和执行器有基础的认识。第三篇章将进一步加深你对物联网的了解，学习多传感器的结合使用，以及无线收发器的使用方法。最后，第四篇章将带你进入人工智能的世界，学习图像识别的原理和应用。

本书中的案例丰富、有趣且实用，每一个案例都来源于生活，都可以在生活中找到具体的运用。每个案例都有详细的配图和文字说明，使你能够轻松地学习和理解。

无论你是教育者、家长还是青少年学生，本书都将成为你学习物联网的优秀教材。通过深入浅出的教学方式，本书旨在激发你对物联网和人工智能的兴趣，提高你的编程水平，为你未来的科技探索打下坚实的基础。

在编写本书的过程中，我们得到了开源硬件平台的支持，同时也感谢邹姚姚、王昌明、韩鑫森、张子玉等协助项目案例的搭建与验证。感谢他们的辛勤付出和宝贵经验，使本书的内容更加丰富和实用。

现在，就让我们一起踏上这个令人兴奋的科技之旅吧！打开《青少年趣玩物联网与人工智能》，探索物联网和人工智能的奥秘，开启你的科技创新之路！

祝你在阅读本书时收获满满，享受探索的乐趣！

贺 森

目 录

第一篇　物联网概述

第二篇　物联网入门项目

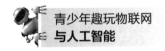

第三篇　物联网提高项目

第四篇　物联网与人工智能项目

第一篇

物联网概述

第一章　初识物联网

物联网（Internet of Things，IoT）是指通过互联网技术将各种各样的物品联网，实现互联互通，形成一个智能化的生态系统。物联网系统由传感器、智能设备、云计算、大数据等技术组成，可以实现智能化的感知、数据通信、智能控制及应用。物联网是互联网技术和传统物理世界的融合。通过物联网，我们可以将每个普通的物品赋予智能，将它们与其他物品相连进行信息的共享。

物联网的应用范围非常广泛，涵盖了生活的方方面面。在家庭领域，我们可以通过智能手机控制家里的智能开关、智能窗帘、智能电器等，甚至不在家的时候也可以进行远程控制。例如，当我们外出旅行时，可以通过手机打开家中的空调或热水器，确保回家后有一个舒适的环境。此外，智能家居还可以根据我们的生活习惯和喜好，自动调节温度、照明等，提高居住的舒适度和便利性。

在健康管理领域，物联网也发挥着重要的作用。通过智能手环或智能手表，我们可以实时监测身体动态，评估身体状况，帮助我们更好地进行健康管理。这些智能设备可以监测心率、步数、睡眠质量等健康指标，并将数据传输到手机或云端进行分析和记录。通过分析这些数据，我们可以了解自己的健康状况，及时调整生活方式和饮食习惯，预防疾病的发生。

在物流领域，物联网也带来了巨大的变革。传统的物流配送方式存在着效率低下、信息不透明等问题，而物联网技术的应用可以提高物流效率和服务质量。通过智能快递箱、无人机等设备，可以实现智能化的物流配送。智能快递箱可以自动识别并接收快递包裹，并通过短信或APP通知收件人取件。无人机则可以在城市中进行快速配送，减少交通拥堵和人力成本。这些智能化的物流方式不仅提高了配送速度和准确性，还减少了人为错误，并降低了丢失的风险。

除了家庭、健康管理和物流领域外，物联网还在工业制造、农业、交通等领域发挥着重要作用。在工业制造中，物联网可以实现设备的远程监控和维护，提高生产效率和质量。通过传感器和数据分析，可以实时监测设备的运行状态和故障情况，及时进行维修和保养，避免生产中断和损失。在农业领域，物联网可以实现农田的智能化管理，包括土壤湿度、气温、光照等参数的监测和调控，提高农作物的产量和质量。在交通领域，物联网可以实现车辆的实时定位和导航，提高交通流量的效率和安全性。

总之，物联网作为互联网技术和传统物理世界的融合，正在改变着我们的生活和工作方式。通过将各种物品联网，实现智能化的感知、数据通信、智能控制和应用，我们可以将每个普通的物品赋予智能，将它们与其他物品相连，进行信息的共享。无论是在家庭、健康管理、物流还是其他领域，物联网都为我们带来了更便捷、高效和智能化的生活体验。随着技术的不断发展和应用的不断拓展，物联网将会在未来发挥更加重要的作用，为我们的生活带来更多的便利和创新。

一、什么是物联网

物联网的出现极大地推动了物品之间、人与物之间的互联互通。其中最重要的特点是数据共享和信息智能化。例如，智能家居中的各个智能设备都可以把数据上传到云端，通过大数据分析和人工智能算法处理各种数据，从而实现更加智能、更加高效、更加环保的服务应用。这就为智能制造、智能城市、智慧医疗等各个领域的发展提供了极大的支持和推动。

近几年来，我们经常听到一个跟互联网很接近的词——"物联网"，一字之差的两个词，它们之间有什么关系呢？

物联网（Internet of Things，IoT），翻译过来就是物物相联，万物互联。简单来说，物联网就是利用最新的信息技术将各个物品互联互通在一起的新一代网络。物联网的核心仍然是互联网，是在互联网的基础上延伸和扩展的网

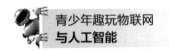
络。其用户端延伸和扩展到了物品与物品之间，可以进行信息交换和通信，也就是物物相联。

物联网的概念最早可以追溯到20世纪90年代，当时人们开始意识到物品之间可以通过互联网进行连接和交互。随着技术的进步和成本的降低，物联网逐渐从概念走向实际应用。如今，物联网已成为一个全球性的趋势，被广泛应用于各个领域。

在智能家居领域，物联网的应用已经非常成熟。通过将家庭中的各种智能设备连接到互联网上，人们可以通过手机或其他终端远程控制家中的灯光、空调、电视等设备。此外，智能家居还可以实现自动化控制，如根据家庭成员的习惯自动调节温度、湿度等环境参数，提高生活的舒适度和便利性。

在工业制造领域，物联网被称为智能制造的重要组成部分。通过将生产设备、传感器和互联网连接起来，可以实现对生产过程的实时监控和数据分析。这样不仅可以提高生产效率和质量，还可以减少资源浪费和环境污染。

在智慧城市建设方面，物联网也发挥着重要的作用。通过将城市的交通、能源、环境等各个方面的数据进行采集和分析，可以实现对城市的智能管理和优化。例如，通过智能交通系统可以实现交通拥堵的预测和疏导，提高交通效率；通过智能能源管理系统可以实现能源的合理分配和节约使用，降低能源消耗。

在医疗健康领域，物联网的应用也非常广泛。通过将医疗设备、传感器和互联网连接起来，可以实现对患者的远程监测和管理。例如，老年人可以通过佩戴智能手环或智能手表来监测自己的健康状况，并将数据传输给医生进行远程诊断和治疗；在医院里，物联网可以实现医疗设备的联网和自动化控制，提高医疗服务的效率和质量。

总的来说，物联网的出现极大地推动了物品之间、人与物之间的互联互通。通过数据共享和信息智能化，物联网为各个领域的发展提供了极大的支持和推动。

1999年，英国保洁公司的品牌经理凯文·阿仕顿为了解决货架上口红缺货的问题，提出在口红里面安装芯片，以提供无线网络感应技术，在商店里货品的销售信息实时传输到后端，他把这种能够让物品信息连接的方式取名为物联网，简单来说，就是物与物互联互通的物联网，如图1-1所示。

图1-1　物联网

物联网，作为现代科技发展的重要方向，它的构成可以大致分为三个核心部分：传感器、网络连接和数据处理。这三部分相互协作，共同构建了我们的智能生活环境。

首先，传感器是物联网的基础，也是万物互联的关键。它们被安装在各种产品中，从家电到工业设备，从汽车到穿戴设备，几乎无所不在。这些传感器赋予了产品感知和处理数据的能力，使得产品能够自我感知、自我决策，从而更好地服务于用户。例如，智能家居中的空调能够感知室内的温度和湿度，自动调节工作状态；智能汽车能够感知周围环境，自动驾驶。这些都是传感器赋予产品的智能化特性。

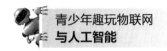

其次，网络连接是物联网的桥梁，它连接了传感器和数据处理中心。当产品收集到数据后，需要通过网络连接将数据传输到云端进行处理。这个过程可能涉及无线通信技术、网络协议等复杂的技术问题，但简单来说，就是将数据从一个地方传输到另一个地方。网络连接的稳定性和速度直接影响到数据的传输效率和质量。

最后，数据处理是将原始数据转化为有用信息的过程，通常在云服务器上完成。云服务器是一种提供计算资源和存储空间的平台，用户可以按需使用，按量付费。常见的云服务器有亚马逊的AWS、阿里巴巴的ECS等。数据处理的过程可能包括数据清洗、数据分析、数据挖掘等步骤，最终将有用的信息以直观易懂的形式返回给用户。例如，通过分析用户的使用习惯，智能家居系统可以自动调整设备的设置，提高用户的生活质量。

总的来说，物联网是一个复杂的系统，它由传感器、网络连接和数据处理三部分组成。这三个部分相互依赖，共同构成了物联网的基本框架。随着科学技术的发展，物联网的应用将会越来越广泛，它将深刻改变我们的生活方式（图1-2、图1-3）。

图1-2　物联网构成的三部分

图1-3　物

随着人们对智能化设备和应用的需求不断增加，物联网的应用场景也日渐广泛，涵盖了智能交通、智能制造、智能能源、智能安全、智能医疗等多个领域。它已经成为人们生活和工作中不可或缺的一部分，也是未来发展的重要趋势。

二、物联网改变生活

5G时代的到来，给我们生活带来了巨大的变化，也给我们带来了更多的疑惑。物联网，作为一个全新的名词进入我们的生活中。媒体上也有铺天盖地的报道，但物联网究竟是什么呢？

很多人对物联网的第一印象就是"小爱同学"。没错，智能音箱确实是物联网的一部分。但是真正的物联网可不止一个会唱歌、会播报天气的智能音箱而已。

互联网在我们的生活中已经无处不在，从我们上学期间使用的校园一卡通到高速上的ETC，再到近些年流行的智能手环、可穿戴设备等，都是物联网应用的例子。另外，随着AI技术的发展，为"物联网+AI"带来了更多的可能性，传统家居产品的质量化就是一个很好的例子，如扫地机器人就是一个典型的智能家居入门产品，如果说扫地机器人并不熟悉，那智能音箱你一定听说过，甚至有可能现在你的旁边就有一个小米AI音箱。

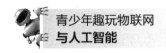

这两年智能音箱的市场发展得如火如荼，国外有亚马逊的Echo、谷歌的Google Home等产品，国内有小米AI音箱、小度智能音箱之类的产品层出不穷，智能音箱最重要的就是智能，除了播放音乐以外，语音交互才是重点，简单地说就是能不能听懂人话，作为AI接入家庭的入口，智能音箱除了日程提醒、查天气、查物流，购物功能之外，最重要的是那个由语音控制其他的家电产品，实现家庭内所有的物品相互通信是智能家居未来发展的最终目标，如图1-4所示。

图1-4　智能家居（一）

想象一下，当你回到家，推开门的那一刹那，温暖的灯光自动亮起，音箱里飘出你最爱的音乐，空调自动将房间的温度调整到最舒适的温度，电饭煲里是刚刚煮好的饭。此外，物联安防系统自动解除室内警戒；冰箱会根据设置下单购买你需要的食物，配送到家；是不是很惬意？目前不少品牌推出能和这些智能语音连接的智能插座、控温器、电灯泡、冰箱、电视以及家庭安全系统等。

当然这些只是物联网比较初级的形态，还没有完全脱离传统的人机交互阶段，互联网时代我们使用手机等设备获取输出信息都是属于人机交互模型，是以人为主体，在网络上传输数据和信息；而物联网时代，则是把"人"的主体换成"物"。

三、物联网的应用领域

随着科技的不断进步，物联网已经变得越来越普及，逐渐开始改变我们的生活。物联网是连接物品与互联网的一种技术，它可以使我们的家居更加智能化，医疗更加便捷，工业更加高效，甚至改变我们的交通方式。以下将详细介绍物联网对我们生活的影响。

（一）智能家居

物联网连接了我们的家居设备，如智能锁、空调、灯光、热水器、智能电视、智能垃圾桶等，并与手机、平板电脑等移动终端相连接，从而实现了智能家居系统的自动化管理，使我们的居家生活更加便捷、舒适、智能。例如，当我们离开家时，只需通过手机APP远程控制设备的开关，就可以避免耗电、浪费资源等问题。当我们返回家中时，智能家居系统会自动打开热水器、空调等，提供温暖舒适的生活环境，如图1-5所示。

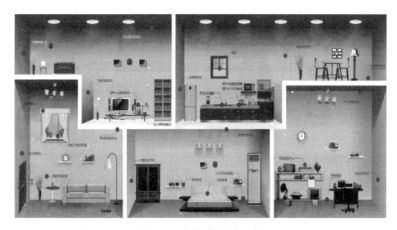

图1-5 智能家居（二）

此外，智能家电设备与人工智能技术的结合，可以提高设备的自动化智能化管理，我们可以告诉AI助手我们想要的生活场景，例如，晚上10点，关闭热水器、灯，开启空调，打开音乐等。智能家居系统还可以用语音识别、人脸识别、图像识别等方式实现人机自然交互，方便我们的操作，同时提高了生活的质量。

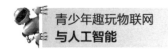
（二）智能医疗

物联网也使医疗更加便捷，医疗设备可以通过物联网连接，与互联网医疗系统、医生办公系统等连接，以实现智能化的医疗系统，如图1-6所示。

图1-6　智能医疗

通过物联网连接的医疗设备可以实现远程监控、远程处理等操作，例如，心电图、血压计等监测设备可以连接到医院的互联网医疗系统中，让医生随时了解我们的健康状态，并提供更加精准的诊疗方案。对于慢性病患者来说，物联网系统也可以为他们提供更加贴心的服务。

（三）工业控制物联网

工业控制物联网在工业领域中也有着广泛的应用，物联网的结合可以提高生产过程的效率、降低成本、提高安全性，如图1-7所示。

图1-7　智能工业

利用物联网设备可以实现多个生产场地的智能化连接,可以实现生产的自动化、集中化控制和数据的监测;可以使操作人员迅速纠正错误,减少生产损失和维修时间;可以减少人为操作误差,提高安全性等,使得生产更加高效、快捷和自动化。

(四)改变交通方式

物联网的发展也改变了我们的交通方式。例如,电动汽车通过互联网连接到智能交通系统中,如图1-8所示,可以减少交通事故,同时为消费者提供更加安全便捷的服务。

图1-8 智能交通

物联网的出现也让智能公共交通成为现实,通过APP预约公交车的班次和到站时间,可以节省等待时间和排队时间等不必要的行程时间,让用户的出行更加便捷。同时,智能交通系统还可以实现对车流量的监控、交通流量调度等功能,提高路面的运输效率。

总而言之,物联网的出现已经改变了我们很多的生活方式。智能家居、智能医疗、智能工业等区域的智能化改善了我们的生活环境和质量,同时,这些智能化带来了更加高效、便捷和智能的生活体验,但对于个人隐私和数据安全也带来了不少的问题,我们应该时刻保持警惕,同时享受物联网带来的好处。

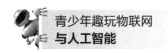
第二章　认识物联网开发板

　　在电子技术的早期阶段，电子控制器主要是由大型电子元件搭建而成的。这些大型电子元件包括电阻、电容、二极管、晶体管等，它们需要通过复杂的连线来构建电路，实现对电子设备的控制。然而，这样的控制器不仅连线复杂，而且其工作原理也相对复杂，不太容易理解。

　　随着电子技术的不断发展，人们开始研发出可编程的控制器。这种控制器可以根据用户的需求，通过编写程序来实现对电子设备的控制，大大提高了电子设备的灵活性和可控性。由于本书是一本关于机器人技术的普及图书，所以在书中我们采用了能够直接烧写程序的控制器。

　　为了考虑到大家学习的便利性，我们在本书中选择了开源的控制器——Arduino。开源硬件是开源文化的一部分，它是指在设计过程中，公开了详细信息的硬件产品。这些信息包括硬件的结构件、电路图、材料清单和控制代码等。通过公开这些信息，可以让更多的人参与到硬件的设计和改进中来，提高硬件的性能和可用性。

　　Arduino自2005年推出以来，就受到了广大电子爱好者的热烈欢迎，如今已经成为最热门的开源硬件之一。Arduino具有简单易用、功能强大、价格低廉等优点，非常适合用于教学和初学者学习电子技术。

　　对于没有接触过Arduino的朋友来说，可能对其还有很多疑问。例如，Arduino是什么？如何使用Arduino？Arduino能做什么？本章将为大家一一解答这些问题。

　　首先，我们将介绍Arduino的基本概念和结构。Arduino是一种基于微控制器的开源硬件平台，它包括一个微控制器、一些数字输入/输出引脚、一个串行通信接口等。微控制器是Arduino的核心部分，它负责处理所有的输入/输出操作和数据处理。

其次，我们将介绍如何使用Arduino进行编程。Arduino使用一种名为"Processing"的编程语言进行编程，这种语言简单易学，非常适合初学者。我们将通过一些实例，教大家如何编写Arduino程序，如何上传程序到Arduino板，以及如何调试程序。

最后，我们将介绍Arduino的应用。Arduino可以用于制作各种各样的电子设备，例如，机器人、自动化设备、传感器等。我们将通过一些实例，展示如何使用Arduino制作这些设备。

一、认识Arduino UNO开发板

Arduino并不仅仅是一块看似简单的电路板，它更是一个开放的电子开发平台。这个平台既包含了硬件部分，也就是我们常见的电路板，也包含了软件部分，即用于编程的开发环境。

在硬件方面，Arduino的电路板设计简洁，易于使用，但功能却非常强大。它可以搭载各种各样的传感器，如温度传感器、光线传感器、声音传感器等，通过这些传感器，Arduino能够感知到周围的环境变化。

在软件方面，Arduino的开发环境设计得非常友好，即使是初学者也能快速上手。在这个环境中，我们可以编写代码，控制Arduino的各种功能。例如，我们可以编写代码让Arduino根据光线传感器的数据来控制灯光的亮度，或者根据声音传感器的数据来控制马达的转速。

此外，Arduino还有一个重要的特点，那就是它的拓展性。通过各种扩展板和模块，我们可以将Arduino的功能进行无限的拓展。例如，我们可以添加一个蓝牙模块，让Arduino通过手机进行远程控制；我们也可以将Arduino连接到互联网，实现数据的实时传输和远程监控。

总的来说，Arduino是一个集硬件和软件于一体的开放电子开发平台，它的强大功能和易用性使得它在各种领域都有广泛的应用。

我们常用的Arduino UNO开发板（以下简称UNO板）上有14个数字口，分别用D0、D1、D2、…、D13来表示，6个模拟口分别用A0、A1、A2、…、A5

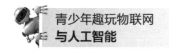
来表示，如图2-1所示。

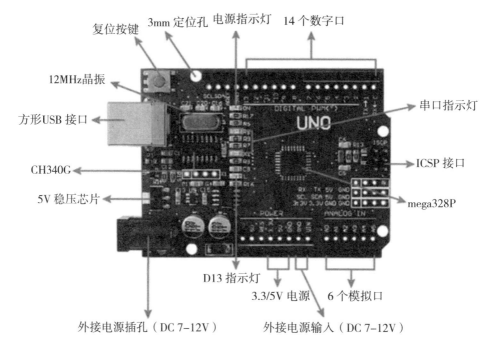

图2-1　UNO开发板（串采用CH340G芯片）

（一）UNO板可以通过3种方式供电

（1）通过USB接口供电，电压为5V。

（2）通过DC电源输入接口供电，电压要求7～12V。

（3）通过电源接口处5V或者VIN端口供电，5V端口处供电必须为5V，VIN端口处供电为7～12V。

（二）指示灯

Arduino UNO带有4个LED指示灯，作用分别如下：

（1）ON，电源指示灯。当Arduino通电时，ON灯会点亮。

（2）TX，串口发送指示灯。当使用USB连接到计算机且Arduino向计算机传输数据时，TX灯会点亮。

（3）RX，串口接收指示灯。当使用USB连接到计算机且Arduino接收到计算机传来的数据时，RX灯会点亮。

（4）L，可编程控制指示灯。该LED通过特殊电路连接到Arduino的13号引脚，当13号引脚为高电平或高阻态时，该LED会点亮；当为低电平时，不会点亮。因此可以通过程序或者外部输入信号来控制该LED的亮灭。

（三）复位按键（Reset Button）

按下该按键可以使Arduino重新启动，从头开始运行程序。

二、认识扩展板

扩展板，也被大家普遍地称为拓展板，是专门为UNO开发板所设计的一款扩展设备。扩展板的设计理念主要是为了增强和丰富UNO开发板的功能性和使用范围。

在具体功能上，扩展板的主要作用是对UNO开发板的接口进行扩展。我们知道，UNO开发板虽然自身具有一定的功能，但是在某些特定的应用中，可能还会存在一些功能上的不足。而扩展板的出现，正好可以弥补这一方面的不足。通过连接扩展板，UNO开发板的接口可以得到有效的扩展，使其能够支持更多的电子元件和传感器的连接。

对于电子元件和传感器的连接来说，扩展板的使用无疑带来了极大的便利。例如，在数字管脚方面，从D0到D13的每一个管脚都配备了一个GND（地线）和一个VCC（电源线）。这样的设计使得电子元件和传感器的连接更加方便，无须再进行复杂的线路设计和焊接工作。

在使用方式上，扩展板也具有很高的便捷性。在使用过程中，用户只需要将扩展板直接堆叠插接到UNO开发板上即可。由于扩展板的设计十分精巧，因此其与UNO开发板的插接过程非常简单，即使是对电子设备不熟悉的用户也能够轻松完成。

总的来说，扩展板是一款非常实用的电子设备。它不仅能够有效地扩展UNO开发板的接口，使电子元件和传感器的连接更加便捷，而且在使用上也非常方便，无论是专业的电子工程师还是电子爱好者都能够从中获得很大的帮助（图2-2、图2-3）。

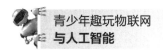

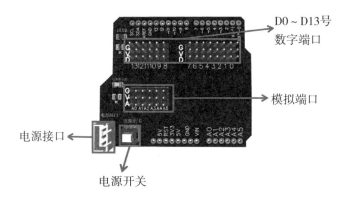

D0～D13号
数字端口

模拟端口

电源接口

电源开关

图2-2　扩展板

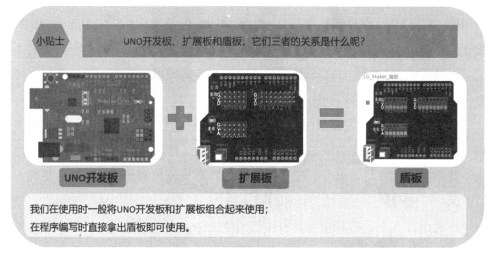

图2-3　小贴士

三、Arduino的来历

Arduino的来历可以追溯到意大利的一位副教授马西莫·班兹和他的学生赫尔南多·巴拉甘。他们共同开发了一款简单易用的电路板和开发工具，并计划将其推向市场销售。为了给这个产品命名，他们选择了一家他们经常光顾的酒吧的名字，这家酒吧被称为"di Re Arduino"。这个名字的来源是意大利末代皇帝杜安·阿尔多（Arduin）。

然而，班兹教授并不擅长经营，他努力工作了5年，但公司却面临着倒闭的困境。尽管如此，班兹教授并不希望Arduino就此结束。于是，他做出了一个重大决定，将Arduino向公众开源，并将硬件售价降低。这一决策带来了意想不到的结果，Arduino迅速传播开来，成为了最主流的开源硬件平台之一。

Arduino的成功源于其简单易用的特点。它提供了一套丰富的开发工具和库，使得开发者可以轻松地编写代码、控制硬件设备。无论是初学者还是专业人士，都可以通过Arduino来实现自己的创意和想法。由于其开源的特性，Arduino拥有庞大的社区支持，用户可以在社区中分享经验、交流技术，并获得各种资源和帮助。

Arduino的应用范围非常广泛。它可以用于制作机器人、智能家居系统、自动化设备等各种项目。通过连接各种传感器和执行器，Arduino可以实现对环境的感知和控制，从而实现智能化的功能。此外，Arduino还可以与其他电子设备进行通信，如手机、电脑等，实现更复杂的功能和应用。

随着时间的推移，Arduino不断发展壮大。它不仅在教育领域得到广泛应用，也成为了许多创业者和企业的首选开发平台。许多创新的产品和解决方案都是基于Arduino开发的。同时，Arduino也催生了许多相关的衍生产品和扩展板，为用户提供了更多的选择和可能性。

总之，Arduino的简单易用、广泛的应用范围以及庞大的社区支持使其成为了创客们的首选工具。随着科学技术的不断发展，相信Arduino将继续引领着创新的潮流。

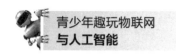

第三章　搭建物联网开发环境

物联网开发环境是一个复杂的系统，它由电脑端软件和手机端APP两部分组成。这两部分各自承担着不同的任务，共同构成了一个完整的物联网开发环境。

首先，我们来看看电脑端软件。电脑端软件是物联网开发环境中的重要组成部分，它的主要功能是给开发板编写程序。在物联网开发过程中，我们需要通过电脑端软件来编写控制开发板的代码，这些代码可以控制开发板的各种功能，如读取传感器数据、控制电机转动等。电脑端软件通常提供了丰富的编程接口和函数库，使得我们可以方便地编写出高效、稳定的程序。此外，电脑端软件还提供了调试工具，可以帮助我们找出程序中的错误，提高程序的可靠性。

接下来，我们来看看手机端APP。手机端APP是物联网开发环境中的另一个重要组成部分，它的主要功能是接收开发板发送的数据，也可以控制物联网开发板。在物联网应用中，开发板通常会收集各种数据，如温度、湿度、光照强度等，并将这些数据发送到手机端APP。手机端APP接收到这些数据后，可以进行各种处理，如显示数据、分析数据、存储数据等。此外，手机端APP还可以通过互联网远程控制开发板，实现对物联网设备的远程控制。

电脑端软件和手机端APP虽然各自承担着不同的任务，但它们都是物联网开发环境的重要组成部分，缺一不可。电脑端软件负责编写程序，手机端APP负责接收数据和控制设备，两者通过互联网紧密地联系在一起，共同构成了一个完整的物联网开发环境。

物联网开发环境的建立，使得我们可以更方便地开发和控制物联网设备。通过电脑端软件，我们可以编写出高效、稳定的程序；通过手机端APP，我们可以方便地接收和处理数据，实现对设备的远程控制。这种开发环境不仅提高了开发效率，也提高了设备的使用效率。

总的来说，物联网开发环境是一个复杂的系统，它由电脑端软件和手机端APP两部分组成。这两部分各自承担着不同的任务，共同构成了一个完整的物联网开发环境。通过这个环境，我们可以更方便地开发和控制物联网设备，实现物联网的广泛应用。

一、认识Linkboy软件

（一）概念

Linkboy是一款非常优秀且功能强大的编程仿真平台，它是主要针对图形图像领域打造的图形化编程仿真软件。这款软件通过鼠标交互拖曳的方式，可以快速搭建编程逻辑，无需下载至硬件设备，为用户提供了独一无二的模拟仿真功能。

Linkboy官方版拥有所见即所得的可视化界面，用户可以直接在软件界面上进行编程操作。这种直观易懂的界面设计，使编程变得更加简单和容易上手。无论是初学者还是有一定编程基础的用户，都可以通过Linkboy轻松地进行编程实践和学习。

Linkboy被广泛应用于小学开展创客教育。在这个数字化时代，培养学生的创造力和创新思维变得越来越重要。通过使用Linkboy，小学生可以在软件界面上模拟运行自己的程序流程，培养他们的逻辑思维和问题解决能力。这种图形化的编程方式，不仅能够激发学生的学习兴趣，还能够提高他们的学习效果。

除了在小学教育中的应用，Linkboy还可以拓展到其他领域。例如，在工程设计中，工程师可以使用Linkboy进行模拟仿真，验证设计方案的可行性。在游戏开发中，开发者可以使用Linkboy进行游戏逻辑的搭建和测试。在科学研究中，研究人员可以使用Linkboy进行实验模拟和数据分析。

总之，Linkboy作为一款优秀的编程仿真平台，凭借其强大的功能和直观易懂的界面设计，为编程学习和实践提供了便利。无论是在教育领域还是在工程、科研等领域，Linkboy都能够发挥重要的作用，帮助用户更好地实现他们的创意和目标（图3-1）。

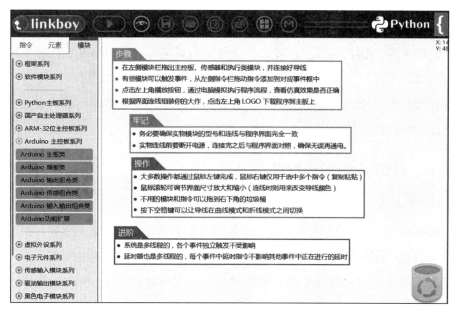

图3-1 Linkboy软件的主界面

Linkboy软件的功能选项卡主要可以分为指令、元素和模块三类。为了更好地理解和掌握这款软件，我们需要打开它，熟悉一下基本界面以及基本操作流程。同时，我们也需要了解各个选项卡中不同的指令和模块所具备的功能特性。

在Linkboy软件的界面上，我们可以看到一个清晰的布局，其中包括指令、元素和模块这三大类选项卡。这些选项卡分别包含不同的功能和操作，通过单击相应的选项卡，我们可以快速找到所需的功能或操作。

当我们将某个模块或元素拖拽到工作台上后，只需要用鼠标单击它们，就会弹出一个窗口。这个窗口中包含"信息""示例""左旋""右旋"等多个选项。通过单击"信息"和"示例"，我们可以了解到该模块或元素的具体功能特点以及使用方法。

对于有输入框的模块或元素，我们还可以尝试设置其参数或名称。通过这种方式，我们可以更加灵活地使用Linkboy软件，满足各种不同的需求。

总的来说，Linkboy软件的功能选项卡为我们提供了丰富的功能和操作，通过学习和掌握这些功能与操作，我们可以更好地使用这款软件，提高工作效率。同时，通过对各个选项卡中的指令和模块的了解，我们也可以更好地理解

Linkboy软件的工作原理和设计思路。因此，对Linkboy软件的基本界面和基本操作的熟悉，以及对各选项卡中的不同指令及模块的功能的了解，是我们使用这款软件的基础（图3-2）。

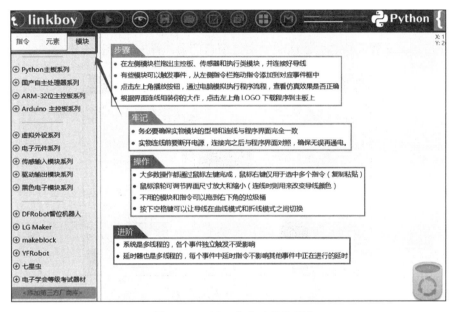

图3-2　Linkboy软件三类选项卡

（二）软件主要按键介绍（图3-3）

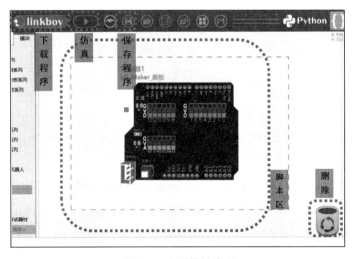

图3-3　主要按键介绍

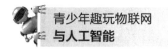

二、Linkboy驱动的安装

（一）安装驱动

第一次使用Linkboy软件时需要安装驱动，在保存程序后，单击左上方"下载程序"—双击"查看自带驱动"—双击"新版CH341usb_com驱动"—单击"安装"，安装成功之后依次关闭文件窗口即可（图3-4、图3-5）。

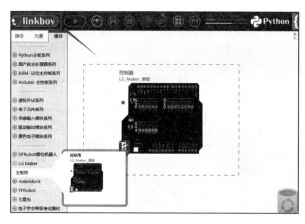

图3-4　单击下载程序

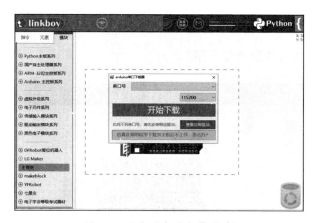

图3-5　双击"查看自带驱动"

单击串口号右侧的下拉列表框，找到连接UNO板的串口，如"COM3 USB-SERIAL CH340（COM3）"。注意要选择非COM1口，然后再单击"开始下载"。下载完成后，我们就会看到UNO板上的指示灯开始闪烁起来了。如图3-6至图3-8所示。

图3-6　串口选择

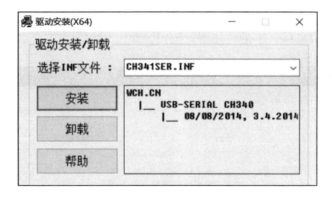

图3-7　双击"新版CH341usb_com驱动"

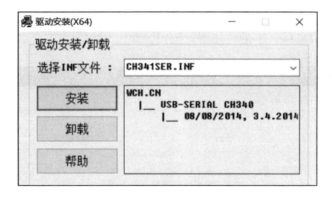

图3-8　单击"安装"

（二）Arduino程序下载问题解决办法

如果是第一次将UNO板连接到电脑，可能会出现找不到串口的情况。在此，我们要确认：如果采用的串口芯片为CH340的国内改进版的UNO板，只需要单击下载器右下角的"查看自带驱动"，安装Linkboy软件自带驱动即可；如果采用了其他串口芯片（如ATmeg16U2）的UNO板，则需要另外安装对应的驱动程序。

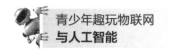

三、认识贝壳物联

（一）贝壳物联

贝壳物联是一个让你与智能设备沟通更方便的物联网平台，你可以通过互联网以对话、遥控器等形式与你的智能设备聊天、发送指令，查看实时数据，根据实际需求设置报警条件等，然后通过APP、邮件、短信等方式通知用户。并且同时拥有电脑端和手机端供客户选择。

贝壳物联的登录网址为www.bigiot.net，登录后需要注册一个账号，单击网址页面右上角的"注册"，如图3-9所示。

图3-9　网址界面

输入基本信息后，单击"注册"按钮，如图3-10所示。

图3-10　注册界面

单击"注册"后，确认邮件会发送到邮箱，单击邮件里的激活链接进行激活，激活后就可以登录了，如图3-11所示。

图3-11　账户激活提示

（二）添加智能设备

在成功登录之后，用户需要进行一些额外的设置来添加新的智能设备。首先，用户需要单击界面上的"智能设备"选项。这个选项通常位于主界面的显眼位置，方便用户快速找到并进行操作。

单击"智能设备"后，用户会进入一个新的界面，这个界面被称为"设备列表"。在这个界面上，用户可以看到一个名为"添加智能设备"的选项。这个选项通常以较大的字体和醒目的颜色显示，以便用户能够轻松地找到它。

单击"添加智能设备"后，用户需要填写一些必要的信息，包括"设备名称"和"设备简介"。在这里，我们以"智能控制"为例进行命名。设备简介可以根据实际应用的需求进行命名，例如，如果这个设备是用来控制家庭照明系统的，那么设备简介可以命名为"家庭照明控制系统"。

在填写完这些信息后，用户需要输入一个验证码。这个验证码通常是由系统自动生成的，用于验证用户的操作是否合法。输入正确的验证码后，用户可以单击"确定"按钮来完成设备的添加。

此时，用户会看到在主界面上多了一个设备图标，这个图标代表刚刚添加的智能设备。在这个设备的详细信息中，有两个重要的信息需要用户记下，分别是设备的ID和APIKEY。这两个信息在后续的设备管理和使用中都会用到。

以上就是添加新智能设备的详细步骤。如图3-12所示，用户可以按照图中的指示进行操作。如果在操作过程中遇到任何问题，都可以查看后面的课程内容进行学习。

在接下来的课程中，我们会详细介绍如何使用这个智能设备。例如，如何通过APIKEY来控制设备的开关，如何设置设备的工作时间，如何查看设备的工作状态等。这些内容都是非常实用的，可以帮助用户更好地使用和管理他们的智能设备。

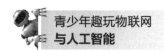

图3-12　电脑端智能设备列表界面

　　总的来说，添加新的智能设备是一个相对简单的过程，只需要按照提示进行操作即可。但是，要想充分利用这个设备的功能，还需要用户花费一些时间来学习和熟悉。因此，我们建议用户在添加设备后，尽快查看后面的课程内容，以便能够更好地使用和管理他们的智能设备（图3-12）。

　　您只需轻松地在手机上单击所提供的链接，便能够顺利登录到手机端。这个过程非常简便快捷，无须进行繁琐的步骤。无论何时何地，只要有网络连接，您都可以方便地使用手机端进行操作。这种用户体验极大地提高了效率和便利性，如图3-13所示。

图3-13　贝壳物联手机端

第二篇

物联网入门项目

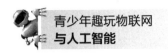

第四章　远程控制台灯

一、项目背景

一天，小美在家看书，计划等会看完书要出去运动一下。

因为天快黑了，所以走得比较匆忙，跑步的时候突然想起来刚才的台灯没有关，想着如果家里的灯能远程控制就好了。

这个想法很不错，让我们一起帮小美设计一盏可以远程控制的台灯吧。

二、项目介绍

物联网远程控制台灯是一种通过物联网技术实现远程控制的智能灯具。它可以通过手机、电脑等设备连接到互联网，并与用户的智能家居系统或智能助手（如Amazon Alexa、Google Assistant）进行连接。

物联网远程控制台灯是一种智能灯具，通过物联网技术实现远程控制和智能化管理。它具有以下特点。

远程控制：用户可以通过手机、电脑等设备连接到互联网，随时随地远程控制台灯的开关、亮度、颜色等。

智能化管理：物联网远程控制台灯可以与用户的智能家居系统或智能助手进行连接，实现智能化管理。用户可以通过语音指令或设置定时任务等方式，实现自动化控制和场景联动。

节能环保：物联网远程控制台灯采用LED等节能灯源，具有较低的耗能。用户可以通过调节亮度和颜色，实现节能环保，如图4-1所示。

图4-1　调节亮度

多种模式：物联网远程控制台灯通常具有多种灯光模式，如白光、彩色、渐变等。用户可以根据需求选择不同的模式，营造不同的氛围。

安全可靠：物联网远程控制台灯采用安全的通信协议和加密技术，保证数据传输的安全性。同时，它也具备过载保护、短路保护等安全功能，确保使用过程中的安全可靠性。

远程控制台灯的应用也非常广泛，以下是一些常见的应用场景。

远程控制：用户可以通过手机APP或者智能助手远程控制台灯的开关、亮度和颜色。无论身在何处，只要有网络连接，就能轻松控制灯光，实现远程控制的便利，如图4-2所示。

图4-2　远程控制台灯

定时任务：用户可以设置定时任务，让台灯在特定的时间自动开启或关闭。例如，可以在早晨设定台灯在起床前亮起，晚上自动关闭，帮助人们建立规律的生活作息。

智能助手联动：通过与智能助手（如Amazon Alexa、Google Assistant）连接，用户可以使用语音指令控制台灯。只需说出相应的指令，如"智能助手，打开台灯"，智能助手就会与台灯进行交互，实现语音控制。

情景模式：用户可以根据不同的场景需求，设置不同的灯光模式。例如，可以设置一个浪漫的模式，让台灯渐变成柔和的暖光，营造浪漫的氛围；或者设置一个专注的模式，让台灯调整为明亮的白光，提高工作效率。

安全警示：远程控制台灯还可以用于安全警示。用户可以设置台灯在离家时定时亮起，给人一种有人在家的错觉，起到防止外人入侵的作用。

总的来说，远程控制台灯的应用非常灵活多样，可以根据个人需求和场景进行定制。它不仅提升了生活的便利性，还为用户创造了更加智能化和舒适的家居环境。

优点：既可避免摸黑找开关造成的摔伤碰伤，又可杜绝楼道灯有人开、没有人关的现象，并且可以节约大量的电能。

三、学习任务

（1）了解ESP8266模块的使用方法。

（2）帮助小美完成远程控制台灯的设计。

四、使用器材

Arduino主控板1块、LG拓展板1块、USB数据线1根、电池1节、ESP8266模块1组、LED灯模块1组、杜邦线若干。

五、知识准备

（一）数字信号与模拟信号

1. 模拟（Analog）信号

在时间和数值上均具有连续性的信号。大多数的外界信号均为模拟信号，例如，气温、湿度、光照亮度等。主控板上A0～A5管脚为模拟输入管脚，具有模拟信号的输入功能，A0～A5管脚也可以作为数字管脚使用，具有数字信号的输入和输出功能，引脚号分别对应D14～D19。

2. 数字（Digital）信号

在时间和数值上均具有离散性的信号。数字信号一般通过模拟信号转换而来。主控板上D0～D13管脚为数字管脚，具有数字信号的输入和输出功能。如图4-3所示。

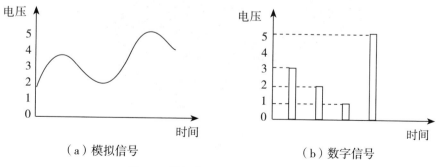

（a）模拟信号　　　　　　　　（b）数字信号

图4-3　模拟信号、数字信号示意图

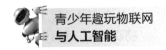

3. 模拟信号

在日常生活中，灯的开关、声音的有无可以用数字信号来表示。数字信号是最简单的信号，只有0和1两种状态。但是，生活中还有很多物理量，不是简单的数字信号可以表示的。为了表示这些中间状态，可以对0和1之间的值再次细分。由于物联网开发版的细分精度为10bit，因此可以细分为2的10次方份，即1024份。例如，将台灯亮度设置100是比较暗的，如果将亮度设置为500，就会亮的很多，当设置值达到1023时，亮度最高。

（二）ESP8266模块

无线通信中除了最为常用的蓝牙之外，剩下的就是WiFi，ESP8266就是一个WiFi透传模块，和蓝牙透传模块具有主从两种工作模式一样，也具有两种工作模式：STA模式（Station）和AP模式（Access Point），一般WiFi模块还会有一个STA+AP模式，即可以在两种模式下切换的状态。

AP模式可以将ESP8266作为热点，让其他的设备连接上它；STA模式可以连接上当前环境下的WiFi热点。ESP8266一般用于连接当前环境的热点，与服务器建立TCP连接，传输数据。ESP8266模块的种类较多，ESP-12F就是其中一款使用ESP8266设计的模组。如图4-4所示，除此之外还有ESP-01S、ESP-12E、ESP-12S等。

图4-4 ESP8266模块正面

ESP-12F模块有4个引脚，VCC接的是正极，GND接的是负极，RX主要用来接收数据，连接0号数字信号端口，TX主要用来发送数据，连接1号数字信号端口。如图4-5所示。

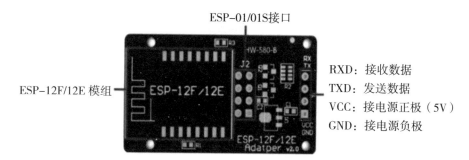

ESP-01/01S接口

ESP-12F/12E 模组

RXD：接收数据
TXD：发送数据
VCC：接电源正极（5V）
GND：接电源负极

图4-5　esp8266模块组成

（三）LED灯模块

LED灯又叫做发光二极管，如图4-6所示。由含镓（Ga）、砷（As）、磷（P）、氮（N）等的化合物制成。发光二极管与普通二极管一样是由一个PN结组成，具有单向导电性，可以认为电流通过它只能按一个方向跑。当给发光二极管加上正向电压后，从P区注入N区的空穴和由N区注入P区的电子，在PN结附近数微米内分别与N区的电子和P区的空穴复合，产生自发辐射的荧光。不同的半导体材料中电子和空穴所处的能量状态不同。当电子和空穴复合时释放出的能量多少不同，释放出的能量越多，则发出的光的波长越短。常用的是发红光、绿光或黄光的二极管。它有两个引脚，长的是正极，短的是负极，只有正负极连接正确才会发光。连接不对无法点亮，严重时损坏。

图4-6　发光二极管

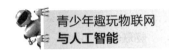

LED灯模块，有三个引脚，VCC接的是正极，GND接的是负极，只有IN（表示输入）接高电平（正极）时LED灯模块才会点亮，如图4-7所示。其他颜色的灯模块原理一样。三个端口连接不对无法点亮，严重时会损坏。

图4-7 LED灯模块

（四）杜邦线

杜邦线是一种常用的连接线，我们常用的杜邦线是彩色的，故而又叫做彩排杜邦线，它通常由一根彩色的绝缘导线和两个杜邦头组成，如图4-8所示。杜邦线可以用于连接扩展板的GPIO引脚和其他电子元件，如传感器、显示屏、LED灯等。通过使用彩排杜邦线，可以方便地进行扩展板和其他电子元件之间的连接与通信。

图4-8 彩排杜邦线

彩排杜邦线可以根据不同的特点和用途进行分类。以下是一些常见的彩排杜邦线分类。

长度分类：彩排杜邦线的长度可以有不同的规格，如10cm、20cm、30cm等。根据需要的连接距离，可以选择合适长度的彩排杜邦线。

颜色分类：彩排杜邦线通常有多种颜色可选，如红色、黑色、黄色、绿色、蓝色等。不同颜色的线可以用于区分不同的信号或连接，有助于识别和管理。

头部分类：彩排杜邦线的杜邦头可以有不同的类型，如单头、双头、三头等。单头适用于连接一个引脚，双头适用于连接两个引脚，三头适用于连接三个引脚等。根据需要连接的引脚数量，可以选择合适类型的彩排杜邦线。

线材分类：彩排杜邦线的线材可以有不同的规格和材质，如26AWG、22AWG等。较粗的线材可以传输更大的电流，适用于一些需要高功率的应用。

这些分类可以根据具体需求进行选择，以满足不同的连接和使用要求。

除此之外，我们实验所用的杜邦线一般根据头部的类型分为公公杜邦线、母母杜邦线、公母杜邦线。如图4-9所示。

图4-9 杜邦线的公头、母头

六、制作流程

课堂小目标

（1）完成ESP8266模块的连接。

（2）完成远程控制台灯的制作。

（3）实现用手机控制小灯的开关。

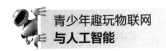

开始编程

（一）硬件模拟搭建

1. 选择主控板

单击模块—LG Maker—主板类—控制器，并将控制器拖到界面中央的工作台。如图4-10所示。

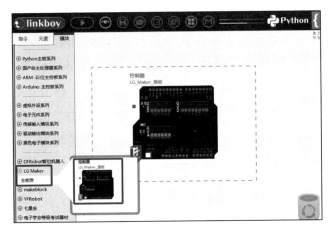

图4-10　控制器

2. 选择ESP8266模块

单击模块—传感输入模块系列—通信和存储类—ESP8266模块，并将ESP8266模块拖到工作台。如图4-11所示。

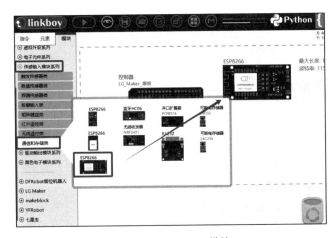

图4-11　ESP8266模块

3. 选择LED灯模块

单击模块—黑色电子模块系列—灯光输出类—红灯，并将红灯拖到工作台。如图4-12所示。

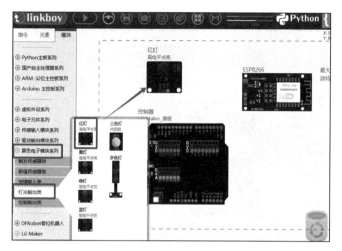

图4-12　LED灯模块

4. 选择延时器

单击模块—软件模块系列—定时延时类—延时器，并将延时器拖到工作台。如图4-13所示。

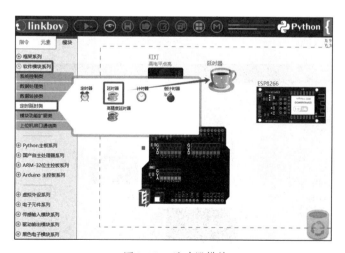

图4-13　延时器模块

5. 选择贝壳物联

单击模块—框架系列—物联网类—贝壳物联，并将贝壳物联拖到工作台。如图4-14所示。

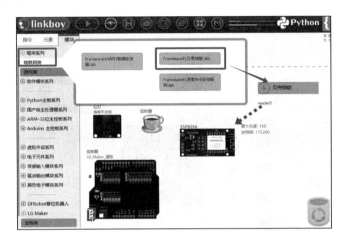

图4-14　贝壳物联

6. 模拟连线

ESP8266模块的RX引脚必须连接在扩展板的D0号数字引脚，TX引脚必须连接在主控板的D1号数字引脚，剩下VCC引脚与GND引脚依次接入扩展板D1的V、G管脚即可。红灯模块的IN引脚接入扩展板D6的数字引脚，VCC引脚与GND引脚依次接入扩展板D6的V、G管脚即可。如图4-15所示。注意模拟连线要与实物连线相对应。

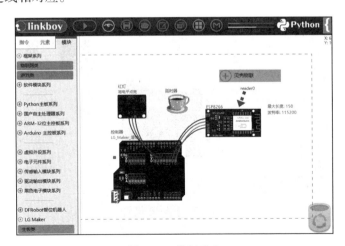

图4-15　模拟连线

（二）程序编写

单击主控板选取控制器"初始化"指令，编写联网信息，调出相关脚本后，先输入当前环境下的WiFi名称，再输入WiFi密码，然后将之前记下智能设备的ID和APIKEY输入，最后添加控制器"指示灯点闪烁"作为成功连接特征。如图4-16所示。

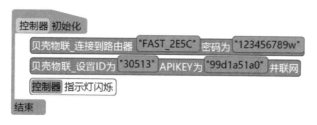

图4-16　设备连接网络参数设置参考程序

单击贝壳物联，选择"接收到命令c时"指令，然后向里面添加条件判断语句"如果……"，条件量选取运算中的"？Cstring==？Cstring"，如图4-17所示。单击左边的"？Cstring"选择全局自定义里的"c"，单击右边的"？Cstring"在数字指令里用键盘输入"play"后单击确定。在如果指令里添加"延时器延时10毫秒"与"红灯点亮"指令。如此，点亮红灯程序已写好，熄灭红灯的程序重复点亮程序的步骤即可。只需改动一些指令，如图4-18所示。

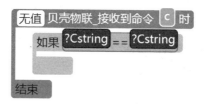

图4-17　条件判断语句

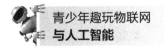
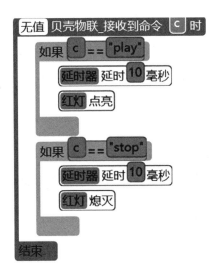

图4-18 点亮与熄灭程序

程序与全部模块连接完成，如图4-19所示。

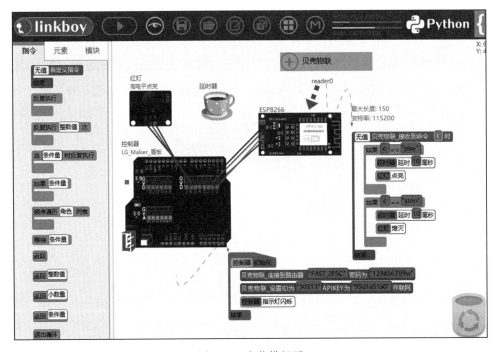

图4-19 完整模拟图

（三）硬件搭建

根据模拟连线图进行硬件线路连接，注意各个模块的信号管脚连接位置一定要和软件模拟连线图一致。

（四）安装

1. 支撑座安装

选择M3×8螺钉（较长）4颗、M3×15尼龙柱（较长）4个，按照如图4-20所示，将尼龙柱安装在底板的4个拐角，安装时注意字面朝上。

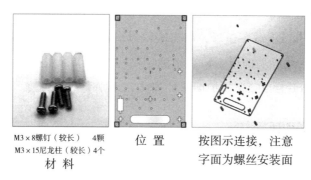

M3×8螺钉（较长）　4颗
M3×15尼龙柱（较长）4个
材　料　　　　　　位　置　　　　按图示连接，注意
　　　　　　　　　　　　　　　　　　　字面为螺丝安装面

图4-20　安装支撑座

2. 主控板安装

选择M3×5螺钉（较短）8颗、M3×7尼龙柱（较短）4个，按照如图4-21所示安装即可。

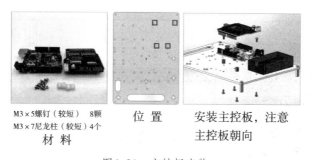

M3×5螺钉（较短）　8颗
M3×7尼龙柱（较短）4个
材　料　　　　　　位　置　　　　安装主控板，注意
　　　　　　　　　　　　　　　　　　　主控板朝向

图4-21　主控板安装

3. 其余硬件安装

其余硬件选择合适的位置用M3×5螺钉（较短）、M3×7尼龙柱（较短）安装即可。如图4-22所示。

图4-22　硬件组装图

（五）程序下载

在Arduino串口下载器窗口，单击串口号窗口，选择相应的串口号，然后单击下载，出现下载成功即可，最后检测实物运行效果。需要注意的是，程序下载的时候需先断开ESP8266与扩展板的连接，否则会下载失败。

七、远程控制操作

探究步骤

程序下载完成以后，等待ESP8266模块自动连接到当前环境下的网络，连接成功后扩展板上的LED2指示灯将亮起。

点击贝壳物联里智能设备列表下的设备遥控，如图4-23所示。控制小灯的点亮与熄灭。

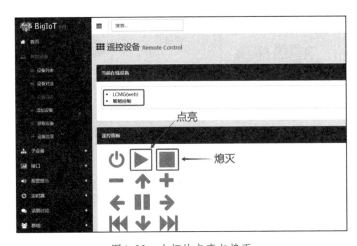

图4-23　小灯的点亮与熄灭

　　自此，项目已全部完成，可用点亮与熄灭按钮远程控制小灯的开关。如图
4-24所示。

图4-24　远程控制台灯

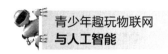
第五章　噪声检测器

一、项目背景

在公共场合我们要尽量轻声慢步，但有些同学就做不到。

那该怎么办呢？

我想到一个好办法！我们可以做一个噪声检测器，把它放在走廊上，当同学们讲话声音太大时，就可以提醒他们。

这个想法很不错，让我们一起设计一个噪声检测器帮助同学们检测噪声吧。

二、项目介绍

噪声检测器是一种用于检测和测量环境中噪声水平的设备。它通常使用声音传感器来捕捉周围的声音，并通过内置的算法和软件来分析和显示噪声水平。噪声检测器可以用于监测工业场所、交通道路、建筑工地、社区等不同环境中的噪声水平，以便评估噪声污染的程度，并采取相应的控制措施。它也可以用于个人使用，帮助人们了解自己周围的噪声环境，以便采取保护措施。

市面上的噪声检测器通常分为两类：便携式噪声检测器和固定式噪声检测器。

便携式噪声检测器通常是小型的设备，可以携带到不同的地方进行测量。它们通常具有显示屏和数据记录功能，可以记录噪声水平的变化并生成报告。一些便携式噪声检测器还具有声学参数分析功能，可以分析噪声的频谱和频率特征，如图5-1所示。

固定式噪声检测器通常安装在固定位置，用于长期监测环境中的噪声水平。它们通常具有远程数据传输功能，可以将实时数据发送到监控中心或云端服务器。固定式噪声检测器通常用于工业厂区、道路交通等噪声污染较为严重的地方，如图5-2所示。

图5-1　便携式噪声检测器　　图5-2　固定式噪声检测器

一些知名的噪声检测器品牌包括Bruel&Kjaer、Norsonic、RION等。这些品牌提供各种不同型号的噪声检测器，满足不同用户的需求。用户可以根据自己的需求选择合适的噪声检测器，进行环境噪声水平的监测和管理。

噪声定义：噪声是指不规则的、刺耳的声音或声响，通常是由机械设备、交通工具包括街道上的汽车声，建筑工地上的机器声；安静图书馆的说话声等等产生的。噪声可以对人们的健康、心理和生活质量产生负面影响，因此在城市规划和环境保护中需要对噪声进行控制和管理。

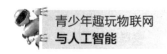

根据噪声的来源和性质，噪声可以被分为不同的类型：①社会噪声：由人类活动产生的噪声，如交通噪声、工业噪声、建筑工地噪声、娱乐场所噪声等。自然噪声：来自自然界的声音，如风声、雨声、雷声等。②机械噪声：由机械设备、电器设备等产生的噪声，如发动机噪声、空调噪声、电器噪声等。③人声噪声：来自人类说话、喧闹、欢呼等产生的噪声。④其他类型的噪声：如音乐噪声、动物叫声等。

这些类型的噪声可能会对人们的健康和生活造成不同程度的影响，因此需要采取相应的控制和管理措施。

分贝（dB）是用来表示声音强度的单位，通常用于衡量噪声的大小。分贝是一种对数单位，用来比较两个声音的强度差异。

在噪声领域，分贝通常用来表示噪声的强度或者音量大小。一般来说，人类能够感知的最小声音大约为0dB，而耳朵的痛觉阈值约为120dB。正常对话的声音大约在60~70dB之间，而交通噪声、机器噪声等可能会超过80dB。

需要注意的是，分贝是对数单位，每增加10dB，声音的强度就增加10倍。因此，即使是看似微小的分贝差异，实际上也可能代表着很大的声音强度差异。

项目介绍：本次我们所做的噪声检测器项目是一个基于Linkboy的开源硬件平台的DIY项目，旨在帮助用户构建一个简单的噪声检测设备，用于检测超出正常分贝的声音。噪声检测器项目包含硬件与软件两部分。

硬件部分：

（1）主控板作为项目的主控制单元，用于接收和处理来自声音传感器的数据，并进行噪声水平的计算和处理。

（2）声音检测器：用于捕捉环境中的声音，并将其转换为电信号。

（3）蜂鸣器：环境中的声音过高时，发出警报。

软件部分：

（1）Linkboy编程：编写代码以读取声音传感器的数据。

（2）数据处理和显示：编写代码以收集和处理噪声水平的实时数值，添加警报功能，以便在噪声超过一定阈值时发出警报。

这个简易噪声检测器项目可以作为一个有趣的学习项目，帮助初学者了解传感器的使用、数据处理和显示，同时也可以在日常生活中帮助监测周围的噪声环境。

三、学习任务

（1）认识声音检测器模块以及使用方法。

（2）认识蜂鸣器模块以及使用方法。

（3）制作噪声检测器。

四、使用器材

Arduino主控板1块、LG拓展板1块、USB数据线1根、电池1节、声音检测器模块1组、蜂鸣器模块1组、红灯模块1组、杜邦线若干。

五、知识准备

（一）声音检测器

声音检测器是一种触发传感器类设备，用于检测环境中的声音或噪声水平。它们可以应用于许多领域，例如，安全监控、环境监测、噪声控制等。声音检测器通常使用麦克风或传感器来捕捉声音信号，并将其转换为数字信号进行处理。一些高级声音检测器还可以对声音进行分析和分类，以便更精确地识别特定类型的声音或噪声。如图5-3所示。

图5-3　声音检测器的正反面

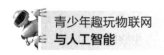

特点：声音模块对环境声音强度最敏感，一般用来检测周围环境的声音强度，模块在环境声音强度达不到设定阈值时，OUT口输出高电平，当外界环境声音强度超过设定阈值时，模OUT输出低电平；小板数字量输出OUT可以与单片机直接相连，通过单片机来检测高低电平，由此来检测环境的声音。使用注意：此传感器只能识别声音的有无（根据震动原理），不能识别声音的大小或者特定频率的声音。

模块调整：将模块放置在安静环境下，调节板上蓝色电位器，直到板上开关指示灯亮，然后往回微调，直到开关指示灯灭，然后在传感器附近产生一个声音（如击掌），开关指示灯再回到点亮状态，说明声音可以触发模块。

声音传感器模块有3个管脚，VCC接主控板上的VCC管脚，GND接主控板上的GND管脚，OUT接入数字管脚。如图5-4所示。

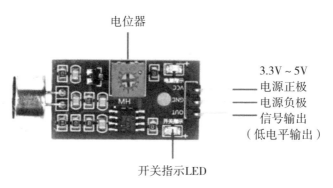

图5-4　声音检测器引脚示意图

（二）蜂鸣器模块

蜂鸣器是一种一体化结构的电子讯响器。采用直流电源供电，常用于报警器、电子玩具、定时器等电子设备中作发声器件。

我们常用的有两种类型：有源蜂鸣器和无源蜂鸣器。这里的"源"不是指电源，而是指震荡源。

1. 无源蜂鸣器的特点

（1）无源内部不带震荡源，所以如果用直流信号无法令其鸣叫，需用2~5K的方波去驱动它。

（2）声音频率可控，可以发出"哆来咪发唆啦西"的音调。

（3）在一些特例中可以和LED同用一个控制口。

识别：高度为8mm比有源略低，将蜂鸣器引脚朝上放置时，可以看到绿色电路板。如图5-5所示。

图5-5　无源蜂鸣器

2. 有源蜂鸣器的特点

（1）有源蜂鸣器由于内部自带震荡源，所以只要一通电就会发出声音。

（2）程序控制方便，单片机的一个高低电平就可以使其发出声音。

识别：高度为9mm比无源略高，将蜂鸣器引脚朝上放置时，可以看到没有绿色电路板，而是用黑胶密封的。如图5-6所示。

图5-6　有源蜂鸣器

3. 蜂鸣器模块引脚介绍

蜂鸣器模块有三个引脚（图5-7），VCC接的是正极，GND接的是负极，I/O接口全称为Input/Output接口，即输入/输出接口，因此接信号端口蜂鸣器还分为高电平触发和低电平触发，低电平触发即当I/O接口输入低电平时，蜂鸣器发声；高电平触发即当I/O接口输入高电平时，蜂鸣器发声。

图5-7　高/低电平触发蜂鸣器模块

（三）LED灯模块

LED灯模块，有三个引脚，VCC接的是正极，GND接的是负极，只有IN（表示输入）接高电平（正极）时LED灯模块才会点亮。如图5-8所示。其他颜色的灯模块原理一样。三个端口连接不对无法点亮，严重时会损坏。

图5-8　LED灯模块

六、制作流程

🤖 课堂小目标

（1）学习声音检测器的使用。

（2）学习蜂鸣器的使用。

（3）完成噪声检测器的制作。

开始编程

（一）硬件模拟搭建

1. 选择主控板

单击模块—LG Maker—主板类—控制器，并将控制器拖到界面中央的工作台。如图5-9所示。

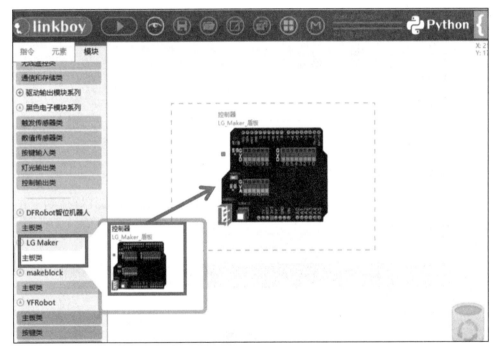

图5-9　控制器

2. 选择声音检测器模块

单击模块—传感输入模块系列—触发传感器类—声音检测器（正极在右边），并将框内的声音检测器模块拖到工作台。如图5-10所示。在实际操作中，可以先看一下手里的声音检测器的正极具体在哪一边。

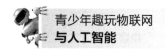青少年趣玩物联网
与人工智能

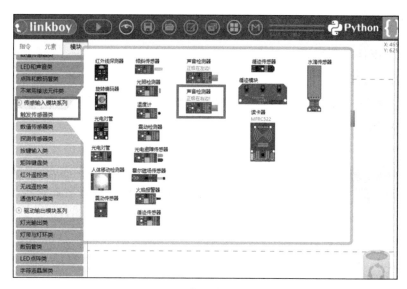

图5-10　声音检测器模块

3. 选择LED灯模块

单击模块—黑色电子模块系列—灯光输出类—红灯，并将红灯拖到工作台。如图5-11所示。

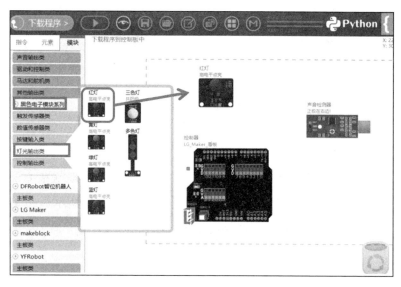

图5-11　LED灯模块

4. 选择蜂鸣器

单击模块—驱动输出模块系列—声音输出类—蜂鸣器，并将蜂鸣器拖到工作台。如图5-12所示。单击蜂鸣器，旋转到合适的方向。

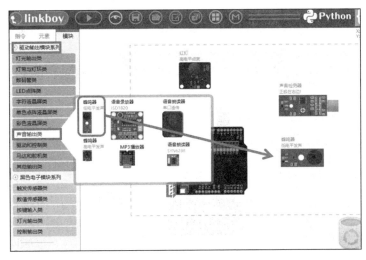

图5-12　蜂鸣器模块

5. 选择延时器

单击模块—软件模块系列—定时延时类—延时器，并将延时器拖到界面工作台。如图5-13所示。

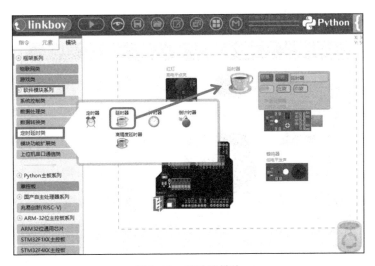

图5-13　延时器模块

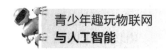

6. 模拟连线

将声音检测器模块的OUT、GND、VCC引脚分别依次连接在扩展板D6的D、G、V引脚上。蜂鸣器模块的GND、I/O、VCC引脚分别依次连接在扩展板D4的G、D、V引脚上。LED红灯模块的IN、VCC、GND引脚分别依次连接在扩展板D3的D、V、G引脚上。如图5-14所示。注意模拟连线要与实物连线相对应。

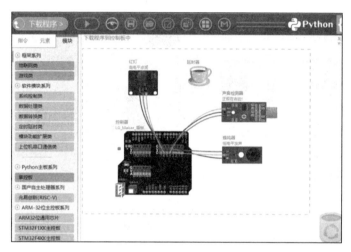

图5-14　模拟连线

（二）程序编写

单击主控板选取控制器"反复执行"指令，在左边的指令列表中调出"等待条件量"，如图5-15所示。

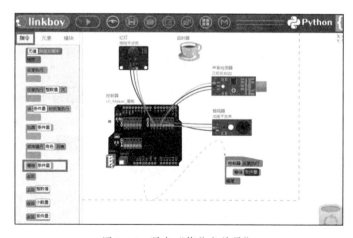

图5-15　调出"等待条件量"

在调出的"等待条件量"上单击闪烁的条件量，选中指令编辑器下的"声音检测器"的"有声音"。接着添加模块类指令功能编写程序，如图5-16所示。

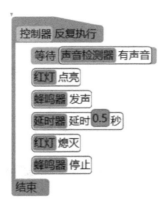

图5-16　噪声检测器程序

程序与全部模块连接完成，如图5-17所示。

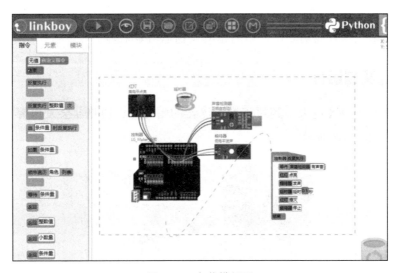

图5-17　完整模拟图

（三）硬件搭建

根据模拟连线图进行硬件线路连接，注意各个模块的信号管脚连接位置一定要和软件模拟连线图一致。

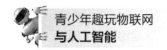

（四）安装

主控板在上一章已安装完成，其余硬件选择合适的位置用M3×5螺钉（较短）、M3×7尼龙柱（较短）安装即可。如图5-18所示。

图5-18　噪声检测器作品组装图

（五）程序下载

在Arduino串口下载器窗口，单击串口号窗口，选择相应的串口号，然后单击下载，出现下载成功即可，最后检测实物运行效果。

七、实物运行

当环境中声音过大，超过声音检测器的阈值时，蜂鸣器会发出警报，红灯会亮起。如图5-19所示。

图5-19　噪声检测器检测到噪声

第六章　远程开门

一、项目背景

小明：你听说了吗？远程开门可以实现手机远程控制开门的功能！

小芳：真的吗？那太方便了！我可以在下班前就把门打开，回到家就可以直接进去了。

小明：远程开门真是太方便了，我再也不用担心忘记带钥匙了。而且，我还可以通过手机随时随地控制门的开关，真是太酷了！

小芳：太棒了！我家也要安装一个远程开门系统。

小明：我真是爱上了这种智能化的生活方式。

二、项目介绍

远程控制开门技术在生活中有多种应用，为用户提供了便利、安全和智能化的体验。以下是一些远程控制开门在生活中的常见应用。

智能家居门禁系统：远程控制开门技术被广泛应用于智能家居门禁系统。用户可以通过手机应用或其他终端设备随时随地控制家门的开启和关闭，也可以远程授权访客进入。这种方式提高了家庭安全性，并为家庭成员提供了更便捷的出入方式。

商业和办公场所门禁系统：商业和办公场所普遍采用远程控制开门技术，管理者可以通过云平台或专用软件实时监控和控制门禁系统。这使得企业能够更灵活地管理员工和访客的进出，提高了安全性和管理效率。

远程快递箱和自助柜：远程控制开门技术被应用于快递箱和自助柜，用户可以通过手机应用远程打开柜门，取走或存放包裹。这种方式方便了用户在不

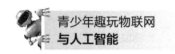

同时间段内的自由取件，同时增强了快递安全性。

车库门远程控制：车库门的远程控制是一项常见的应用，车主可以通过车载遥控器或手机应用在远距离内控制车库门的开关。这样的技术提供了方便的车辆存取方式，尤其在恶劣天气条件下尤为实用。

项目介绍：本次我们所做的远程项目是一个基于Linkboy的开源硬件平台的DIY项目，旨在帮助用户构建一个简单的远程开门系统，用于使用APP进行远程控制开门。远程开门系统项目包含硬件与软件两部分。

硬件部分：

（1）主控板作为项目的主控制单元，用于接收控板负责管理和控制整个开门系统的运作，并进行噪声水平的计算和处理。

（2）ESP8266模块：可以实现数据的传输，并可以连接WiFi信号进行远程控制。

（3）舵机：作为动力装置，控制门的打开和关闭。

（4）按键：可以实现按下控制关门的功能。

软件部分：

（1）Linkboy编程：编写代码设置连接物联网初始参数。

（2）控制程序编写：编写代码设置门的开关程序，并且使用灯的点亮和熄灭来辅助显示，并且设置额外按键关门程序。

这个远程开门系统可以作为一个有趣的学习项目，帮助初学者了解舵机的使用方法，通过远程开门系统，学生可以学到实时监控和远程管理技术，这在物联网和智能系统领域具有广泛的应用。

三、学习任务

（1）认识舵机模块并学习使用。

（2）复习按键模块的使用方法。

（3）利用舵机模块结合ESP8266模块完成远程开门的设计。

四、使用器材

Arduino主控板1块、LG拓展板1块、USB数据线1根、电池1节、ESP8266模块1组、舵机模块1组、按键1个、蓝灯1个、杜邦线若干。

五、知识准备

（一）舵机（图6-1）

图6-1　舵机

在创客领域中，舵机是最常用的执行器之一。舵机（Servo）是一种伺服电机，它是由直流电机、减速齿轮组、传感器和控制电路组成的一套自动控制系统。通过发送信号，指定输出轴旋转角度。舵机一般只能旋转180度，当然也有90度、360度等可供选择，与普通直流电机的区别主要在于，直流电机是一圈圈转动的，舵机只能在一定角度内转动，不能一圈圈连续转。普通直流电机无法反馈转动的角度信息，而舵机可以。因此，舵机适用于那些需要角度不断变化并可以保持稳定的控制系统，例如，人形机器人的手臂和腿，车模和航模的方向控制（图6-2、图6-3）。

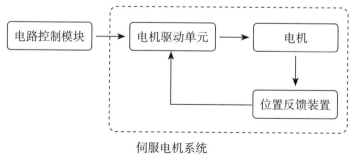

伺服电机系统

图6-2　电机内部结构

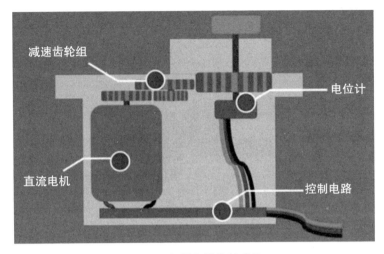

图6-3　伺服电机控制系统

电机主要由以下几个部分组成：舵盘、减速齿轮组、位置反馈电位计、直流电机、控制电路等。

舵机中有一个电位计（角度传感器）可以检测输出轴转动角度。控制电路板接受来自信号线的控制信号，控制电机转动，电机带动一系列齿轮组，减速后传动至输出舵盘。舵机的输出轴和位置反馈电位计是相连的，舵盘转动的同时，带动位置反馈电位计，电位计将输出一个电压信号到控制电路板进行反馈，然后控制电路板根据所在位置决定电机转动的方向和速度，从而达到目标。

工作流程为：

控制信号—控制电路板—电机转动—齿轮组减速—舵盘转动—位置反馈电位计—控制电路板反馈。

（二）按键

按键是一种触发式元件（图6-4），基础原理就是断开、导通电路，这种按键有4个引脚，初始状态下①-③、②-④不通，①-②、③-④处导通；当按下按键时，①-②、③-④、①-③、②-④处都导通。

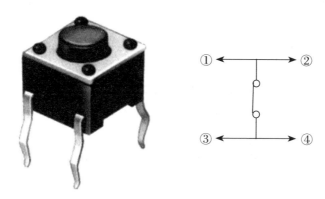

图6-4 按键原理图

按键模块有三个引脚（图6-5），VCC接的是正极，GND接的是负极，OUT（表示输出）接数字端口，主板会接收按钮从OUT发出的信号，经过盾板会输出给执行器，当按键松开时，主板接收不到信号，全部结束。

图6-5 按键模块

六、制作流程

课堂小目标

（1）学习舵机的使用。

（2）学习按键的使用。

（3）完成远程开门的制作。

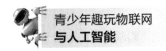

开始编程

（一）硬件模拟搭建

1. 选择主控板

单击模块—LG Maker—主板类—控制器，并将控制器拖到界面中央的工作台。如图6-6所示。

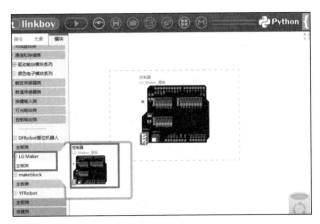

图6-6　控制器

2. 选择ESP8266模块

单击模块—传感输入模块系列—通信和存储类—ESP8266模块，并将ESP8266模块拖到工作台。如图6-7所示。

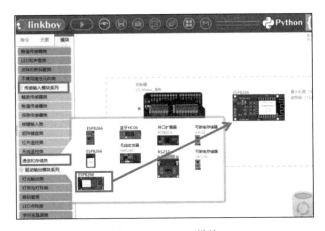

图6-7　ESP8266模块

3. 选择LED灯模块

单击模块—黑色电子模块系列—灯光输出类—红灯，并将蓝灯拖到工作台。如图6-8所示。

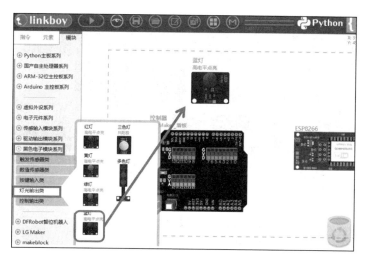

图6-8　LED灯模块

4. 选择舵机

单击模块—驱动输出模块系列—马达和舵机类—舵机（限位180度），并将舵机（限位180度）拖到工作台。如图6-9所示。

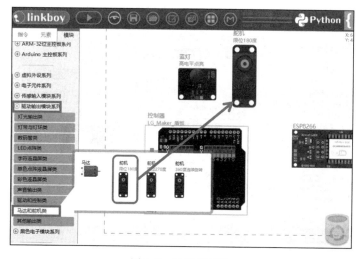

图6-9　延时器模块

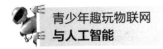

5. 选择按键模块

单击模块—传感输入模块系列—按键输入类—蓝按钮，并将蓝按钮拖到工作台。如图6-10所示。

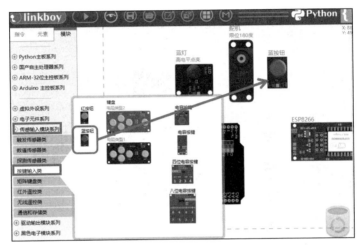

图6-10　蓝按钮模块

6. 选择贝壳物联

单击模块—框架系列—物联网类—贝壳物联，并将贝壳物联拖到工作台。如图6-11所示。

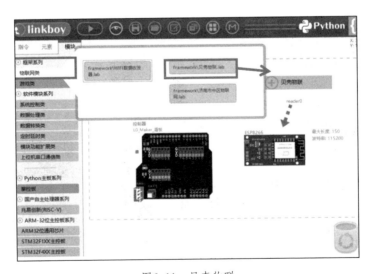

图6-11　贝壳物联

7. 模拟连线

ESP8266模块的RX引脚必须连接在扩展板的D0号数字引脚，TX引脚必须连接在主控板的D1号数字引脚，剩下VCC引脚与GND引脚依次接入扩展板D1的V、G管脚即可。蓝灯模块的IN引脚接入扩展板D12的数字引脚，VCC引脚与GND引脚依次接入扩展板D12的V、G管脚即可，舵机OUT引脚接入拓展板的D9数字引脚，蓝按钮的OUT引脚接入扩展板D6的数字引脚，然后两个模块的VCC引脚与GND引脚依次接入扩展板D9和D6的V、G管脚，如图6-12所示。注意模拟连线要与实物连线相对应。

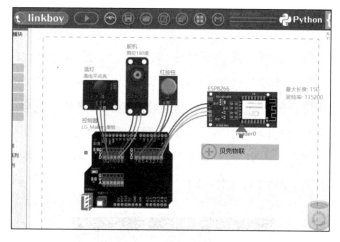

图6-12　模拟连线图

（二）程序编写

程序初始化，首先要编写联网信息，调出相关脚本后，先输入当前环境下的WiFi名称，再输入WiFi密码；其次将之前记下智能设备的ID和APIKEY输入；最后添加控制器，"指示灯点亮"作为成功连上WiFi的特征。

设置舵机的步进时间为30，将舵机转动速度降低，因为门的开和关都是慢速的。设置舵机初始角度为0度，为默认关闭的状态。

指令解析：设置舵机的步进时间，单位是毫秒（0.001s）。步进时间指的是舵机转过1度角所用的时间，范围是0~255，例如，设置为34，表示舵机每经过34ms转过1度角。如果不设置步进时间，默认步进时间为0，表示立刻转到目标角度上（图6-13）。

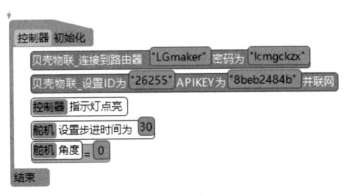

图6-13　设备连接网络参数设置参考程序

单击贝壳物联，选择"接收到命令c时"指令，然后向里面添加条件判断语句"如果……"，条件量选取全局自定义中的"c=="。在贝壳物联网站的智能设备中选择控制模式：遥控，移到遥控面板的不停标志上会出现不同的英文名称，这里我们首先设置当"c==play"时，舵机角度=90，即门此时慢慢打开，此时设置蓝灯点亮；当"c==stop"时，舵机角度=0，即门此时慢慢关闭，此时设置蓝灯熄灭（图6-14、图6-15）。

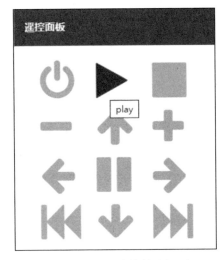

图6-14　遥控控制面板

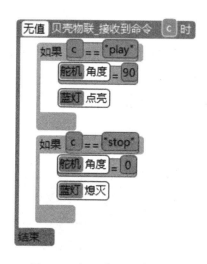

图6-15　门开关远程控制程序

（三）硬件搭建

根据模拟连线图进行硬件线路连接，注意舵机一般都是三根线连在一起的，黄色为信号端口，红色为VCC，褐色为GND，因此连接时只需要将黄线这一端与主控板信号端口对齐插上就可以，按钮与蓝灯模块按照模拟连线的对应端口依次连接即可，ESP8266可以先不接线，因为D0、D1口是下载端口，所以可以等下载完成再将其连接上（图6-16）。

图6-16　硬件实物搭建图

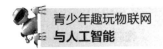

（四）安装

按钮和蓝灯模块的安装与之前安装相同，都采用M3的尼龙柱和M3螺钉进行安装，ESP8266模块则采用M2尼龙柱和M2螺钉进行安装，安装舵机前需要将线路断开，将舵机线从底板舵机安装孔位上方穿过，然后将舵机放置在舵机孔位，用M2螺钉和螺母进行固定（图6-17、图6-18）。

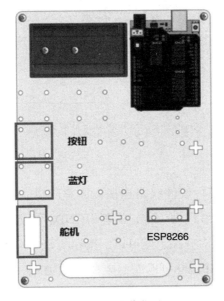

图6-17　安装位置

图6-18　硬件组装图

（五）程序下载

在程序下载之前先检查ESP8266是否与主控板连接，连接上则需要先断开，然后单击下载按钮进行下载，下载完成后再将TX端口与主控板D0端口连接，RX与主控板D1端口连接。接着单击模拟按钮，当主控板指示灯点亮后，就可进入贝壳物联网站进行控制测试了。

探究拓展

当我们打开门后，能不能设置一个按钮，现场的人根据自己离开的时间自动关门呢？

使用按钮模块，单击按钮，调出"红按钮按下时"指令，在指令中调出"如果……"条件判断指令，添加条件"舵机角度==90"时门打开，而"舵机角度=0"则关门（图6-19）。

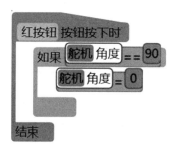

图6-19　按钮关门指令

第七章 教室感应灯

一、项目背景

在城市的一隅,有一所名叫"明日之星"的小学。这所小学非常特别,因为它的每个教室都充满了科技的气息。然而,有一件事一直困扰着学校的校长和老师们,那就是教室的电灯问题。

每天放学后,老师们都会习惯性地检查一遍教室,确保所有的电器都已关闭。然而,他们总是发现,尽管已经离开了教室,但灯却依然亮着。这不仅浪费了大量的电力资源,也给学校带来了额外的经济负担。老师们尝试过提醒学生们离开教室时要记得关灯,但孩子们总是因为玩耍太过投入而忘记了这个细节。

"如果当人离开时,电灯可以自动关闭就好了。"校长在一次教师会议上提出了这个问题。他的想法立刻得到了大家的共鸣。于是,他们决定设计一款教室感应灯,以此来解决这个问题。

经过一番研究和设计,他们成功地制作出了这款教室感应灯。这款灯配备了人体红外感应器,当检测到教室内没有人时,它会自动关闭。同时,它还配备了声控功能,只要有人进入教室,喊一声"开灯",它就会立刻亮起来。

这款教室感应灯的问世,不仅解决了学校电力浪费的问题,也让学生们更加深刻地认识到了节约能源的重要性。他们开始主动参与到节能环保的行动中来,成为学校的小小环保卫士。

这个故事告诉我们,科技不仅可以改变我们的生活,也可以帮助我们解决实际问题。只要我们有创新的思维和勇于实践的精神,就一定能够创造出更多的奇迹。同时,我们也应该珍惜每一度电,从小事做起,为保护地球作出自己的贡献(图7-1、图7-2)。

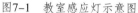

图7-1　教室感应灯示意图

图7-2　教室感应灯示意图

二、项目介绍

随着科技的不断发展，物联网技术逐渐渗透到各个领域，为人们的生活带来了极大的便利。在教育领域，物联网技术的应用也日益广泛，为提高教学质量和管理水平提供了有力支持。物联网教室感应灯项目是近年来涌现出的一种创新型教育设备，它将物联网技术与照明设备相结合，实现了教室照明的智能化管理，为师生们创造了更加舒适的学习环境。

（一）物联网教室感应灯项目的内容

物联网教室感应灯项目的主要目标是通过安装感应器和智能控制器，实现教室照明设备的自动化控制，减少能源浪费，提高照明效果。具体来说，该项目主要包括以下几个方面的内容。

1. 感应器的安装与配置

在教室内安装人体红外感应器，实时监测教室内人员的数量和位置。当教室内无人时，感应器会自动检测到并将信号传递给智能控制器，从而实现灯光的自动关闭；当有人进入教室时，感应器会自动检测到并将信号传递给智能控制器，从而实现灯光的自动开启。

2. 智能控制器的设计与开发

设计并开发一款具有通信、控制和处理功能的智能控制器，用于接收感应器的信号，并根据预设的规则自动控制照明设备的开关。此外，智能控制器还

具有远程控制功能，可以通过手机、平板等移动设备进行远程操作，方便管理人员对照明设备进行统一管理。

3. 照明设备的选型与安装

根据教室的实际需求，选择合适的照明设备，如LED灯、节能灯等。同时，确保照明设备安装牢固、美观，不影响教室内的教学活动。

4. 系统的调试与优化

在项目实施过程中，需要对系统进行详细的调试和优化，确保感应器和智能控制器能够正常工作，照明设备的开关能够实现自动化控制。同时，还需要对系统进行定期维护，确保系统的稳定运行。

5. 项目的推广与应用

物联网教室感应灯项目的成功实施，可以为其他学校提供参考和借鉴。通过宣传和推广，让更多的学校了解并应用这一项目，提高整个教育行业的照明管理水平。

（二）显著优势

物联网教室感应灯项目的实施具有以下几个方面的显著优势。

1. 节能减排

通过实现照明设备的自动化控制，减少能源浪费，降低碳排放，有利于环境保护。

2. 提高照明效果

智能控制器可以根据教室内人员的数量和位置，自动调整照明设备的亮度和色温，为师生们创造一个舒适的学习环境。

3. 降低管理成本

通过远程控制功能，管理人员可以对照明设备进行统一管理，节省人力资源，降低管理成本。

4. 提高安全性

感应器可以实时监测教室内的人员情况，避免因照明设备故障导致的安全事故。

总之，物联网教室感应灯项目是一项具有广泛应用前景的创新型教育项目。通过对物联网技术的研究和应用，为教育行业提供了一种节能环保、高效安全的新型照明解决方案，有助于推动教育事业的可持续发展。

在生活中，很多地方都会用到感应灯。一般的感应灯都是采用声音传感器、光线传感器、热释电传感器、超声波传感器等进行感应，检测到有人时就开灯，没人时就关灯。从本质上讲，超声波传感器属于模拟信号传感器，与电位器传感器类似。

一般的感应灯的编程思路为：如果超声波传感器感应到人，就开灯；如果没有感应到人，就关灯。

三、学习任务

（1）了解超声波传感器的工作原理。

（2）学习超声波传感器的使用方法。

（3）使用超声波传感器完成教室感应灯的设计。

四、使用器材

Arduino主控板1块、LG拓展板1块、USB数据线1根、电池1节、ESP8266物联网模块1组、超声波传感器1个、绿灯模块1组、杜邦线若干。

五、知识准备

（一）电压、电流、接地

下面我们来分别讲述电压、电流的概念。为了方便理解，这里用水来类比。

通俗地讲，电流是由导体中的自由电荷在电场力的作用下做有规则运动形成的。产生电流的三要素：①电位差；②能自由移动的电荷；③形成回路。与电流类似，水的流动称为水流。在没有外力作用下，水流的方向总是向低处流动，这是因为有水位差的存在，如图7-3所示。同样，与水流类似，电荷的流动也是因为有电位差的存在，电位差通常称为电压。

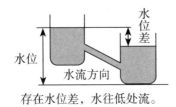

存在水位差，水往低处流。　　　　　两侧水位相同，水不会发生流动。

图7-3　水位流动示意图

1. 电流

电流表示电荷流动的强度大小，电流的单位是A（Ampere，安培）。电流单位A是比较大的单位，像智能手机耗电量较低，其电流通常采用毫安（mA）来表示，智能手机的工作额定电流大概为200mA。

毫安与安的换算公式为：

1A=1000mA

Arduino UNO中每个I/O口（输入／输出）引脚最大可以输出40mA的电流。UNO控制器总的最大输出电流为200mA。

2. 电压

两点间的电位差又称为电势差，简称电压。电压的单位是V（Volt，伏特）。相同电路条件下，电压越高，推动电荷运动的能力越大，电路中的电流也越大；反之，电压越低，推动电荷运动的能力越弱，电路中的电流就越小。

Arduino UNO控制器的工作电压是5V，此外，主板还提供5V和3.3V的电压输出。

3. 接地端

接地端（Ground，简称GND）代表地线或者零线。这个"地"并不是真正意义上的地，而是一个假设的地。一般情况下，接地端位于电池低电位端或为负极。通常把高电位称为正极，接地端一般位于低电位称为负极或接地。电路图中，电源的接地通常用符号"丅"表示。

（二）欧姆定律

在纯电阻电路中，电压（U）、电流（I）和电阻（R）的关系，可以用欧姆定律来表示：电流与电压成正比，与电阻成反比。

欧姆定律的应用：

（1）同一个电阻，阻值不变，与电流和电压没有关系，但加在这个电阻两端的电压增大的，通过的电流也增大。

（2）当电压不变时，电阻越大，则通过的电流就越小。

（3）当电流一定时，电阻越大，则电阻两端的电压就越大。

（三）短路

电源与地之间不通过任何元器件，仅通过导线连接在一起，会造成电路短路。在短路发生时，因为电路中没有其他元器件，电阻阻值很低，根据欧姆定律，电路中的短时电流将会很大。电源和导线将电能量转换成光和热，转化非常剧烈，常常会发生火花，严重时会发生爆炸。

造成短路的原因很多，在加电之前，使用万用表检查，或者采用试触法，确保电路中电源与地之间没有短路。

（四）超声波传感器

超声波是振动频率高于20kHz的机械波，具有方向性好、穿透能力强等特点。

超声波传感器可以将超声波信号转换成电信号。常用的超声波传感器既可以发射超声波，也可以接收超声波，其工作原理如图7-4所示。超声波传感器广泛应用于工业、国防、生物医学等领域。

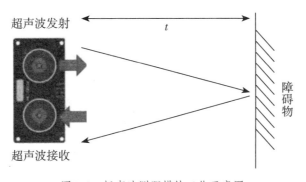

图7-4　超声波测距模块工作示意图

科学家们利用超声波指向性强、能量消耗缓慢且在介质中传播的距离较远的特点研发出了超声波测距模块。

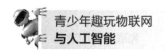

HC-SR04超声波测距模块可提供2～400cm的非接触式距离感测功能。测距精度可达到3mm，感应角度一般不大于15°。整个模块包括超声波发射器、接收器与控制电路。

该模块一共有4个引脚（图7-5），即VCC、TRIG（控制端）、ECHO（接收端）、GND。

注意：

1. 此模块不宜带电连接，如果要带电连接，则先让模块的GND端连接。

2. 测距时，被测物体的面积不少于0.5m^{2}且尽量平整，否则会影响测试结果。

图7-5 超声波测距模块示意图

工作原理：

（1）给超声波模块接入电源和地。

（2）给脉冲触发引脚（TRIG）输入一个长为20us的高电平方波。

（3）输入方波后，模块会自动发射8个40kHz的声波，与此同时回波引脚（ECHO）端的电平会由0变为1（此时应该启动定时器计时）。

（4）当超声波返回被模块接收到时，回波引脚端的电平会由1变为0（此时应该停止定时器计数）；定时器记下的这个时间即为超声波由发射到返回的总时长。

（5）根据声音在空气中的速度为344m/s，即可计算出所测的距离（图7-6）。

套用路程公式：路程＝速度×时间

测试距离＝（声速×高电平时间）/2；其中，声速＝340m/s。

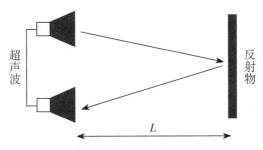

图7-6 超声波测距模块功能示意图

超声波传感器的应用：主要应用于倒车雷达、物体探测、物位测量仪、移动机器人的研制、建筑施工工地以及一些工业现场等（图7-7）。

（a）用超声波检查金属
内部是否有气泡、裂痕

（b）用超声波清洗仪洗
碗碟

（c）用B超给病人做常
规检查

图7-7 超声波测距模块的应用

图7-7（a）中利用超声波检查金属内部的情况，表明超声波能穿透金属，且能传递信息；图7-7（b）中用超声波清洗仪器、碗、碟，表明超声波具有一定的能量；图7-7（c）中用超声波给病人做常规检查，表明超声波能传递人体内部信息。

六、制作流程

课堂小目标

（1）使用超声波传感器感应教室中是否有同学在教室，如果有同学打开教室感应灯，长时间探测没有同学则关闭教室感应灯。

（2）学习使用远程客户端控制教室感应灯的开启、关闭。

（3）完成用远程客户端控制教室感应灯的实物制作。

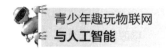
 开始编程

（一）思路设计（图7-8）

图7-8　设计思路示意图

超声波传感器将测量数据收集完成后通过电信号实时发送到开发板，开发板分析所测数据，再通过电信号控制绿灯模块的状态，实现作品设计效果。

（二）硬件模拟搭建

1.选择主控板

单击模块—LG Maker—主板类—控制器，并将控制器拖到界面中央的工作台（图7-9）。

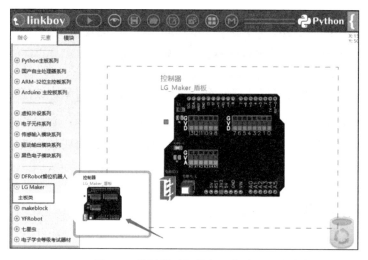

图7-9　控制器（拓展板已扣在UNO板上）

2.选择超声波测距器

单击模块—传感输入模块系列—探测传感器类—超声波测距器（不精确），并将超声波测距器拖到工作台（图7-10）。

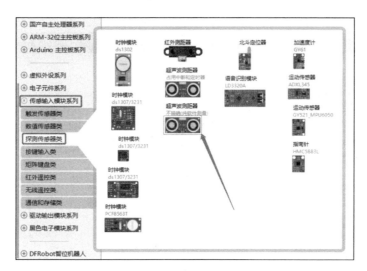

图7-10 超声波测距模块

3. 选择绿灯模块

单击模块—黑色电子模块系列—灯光输出类—绿灯，并将面包板和扬声器拖到工作台（图7-11）。

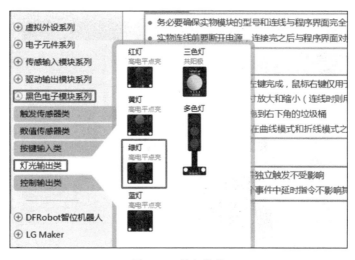

图7-11 绿灯模块

4. 选择ESP8266模块

单击模块—传感输入模块系列—通信和存储类—ESP8266模块，并将ESP8266模块拖到工作台。如图7-12所示。

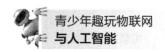

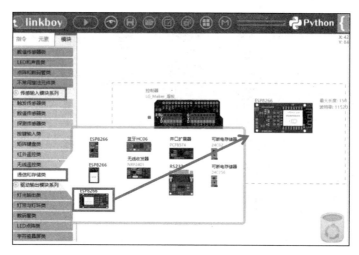

图7-12　ESP8266模块

5. 选择贝壳物联

单击模块—框架系列—物联网类—贝壳物联，并将贝壳物联拖到工作台。如图7-13所示。

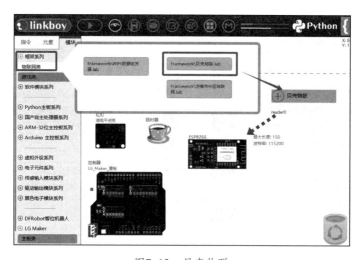

图7-13　贝壳物联

6. 选择延时器和定时器

单击模块—软件模块系列—定时延时类—延时器、定时器，并将延时器和定时器拖到工作台（图7-14）。

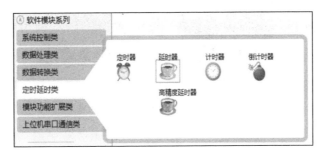

图7-14 选择延时器和定时器

7. 模拟连线

将超声波测距器的TRIG管脚连接到主控板的D7数字管脚，ECHO管脚连接到主控板的D6数字管脚，VCC、GND管脚分别用导线连接到主控板的VCC、GND管脚。将绿灯的IN管脚连接到主控板的D3数字管脚，VCC、GND管脚分别用导线连接到主控板的VCC、GND管脚。将ESP8266模块的TX管脚连接到主控板的D0数字管脚，RX管脚连接到主控板的D1数字管脚，VCC、GND管脚分别用导线连接到主控板的VCC、GND管脚。模拟电路连接如图7-15所示。

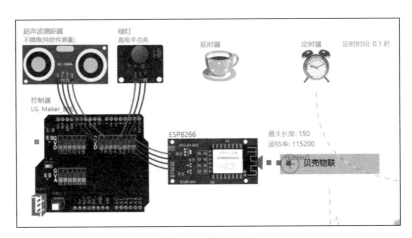

图7-15 模拟连线

（三）程序编写

单击定时器模块，将定时时间由1秒修改为0.1秒，添加"定时器时间到时"事件指令，首先将如果条件量找出来，然后设置"障碍物距离≤150"，如果条件满足，那么绿灯点亮、延时10秒，否则绿灯熄灭（图7-16）。

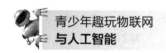
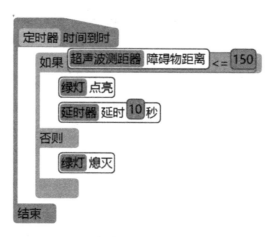

图7-16　定时器时间到时程序编写

1. 定时器介绍

定时器模块，当定时器到指定的时间间隔时会触发一个"定时器时间到"事件，然后继续从0开始计时直到下一次触发事件，如此反复。注意：当系统启动时，定时器默认是启动状态。我们经常将其用作反复执行使用。

2. 信息显示器介绍

信息显示器是文字显示引擎，用来控制数码管、液晶显示屏等显示设备显示数字或者字母。

单击主控板选取控制器"初始化"指令，首先要编写联网信息，调出相关脚本后，先输入当前环境下的WiFi名称，再输入WiFi密码，然后将之前记下智能设备的ID和APIKEY输入，最后添加控制器"指示灯点亮"作为成功连上的特征。如图7-17所示。

图7-17　初始化程序

单击贝壳物联，选择"接收到命令c时"指令，然后向里面添加条件判断语句"如果……"，条件量选取运算中的"? Cstring==? Cstring"。如图7-18所示。单击左边的"? Cstring"选择全局自定义里的"c"，单击右边的"? Cstring"在数字指令里用键盘输入"play"后单击确定。在如果指令里添加"禁用定时器_时间到时"与"绿灯点亮"指令。点亮绿灯程序已写好，熄灭红灯的程序重复点亮程序的步骤即可。只需改动一些指令，如图7-19所示。

图7-18　条件判断语句

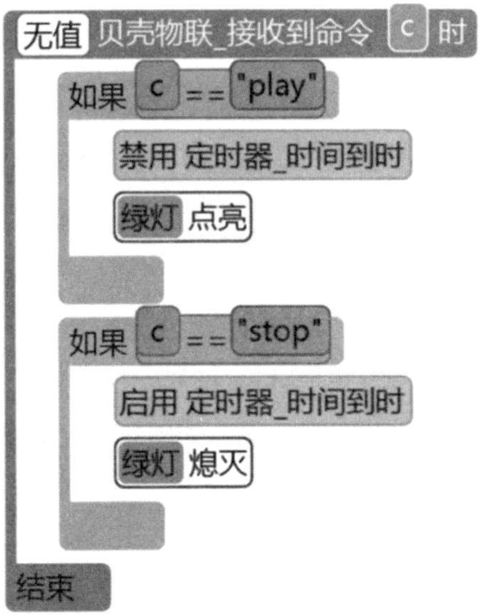

图7-19　点亮与熄灭程序

程序与全部模块连接完成，如图7-20所示。

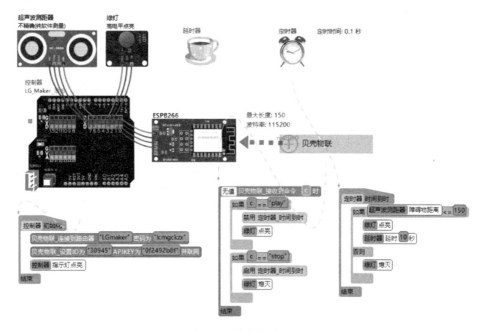

图7-20　模拟仿真图

（四）硬件搭建

根据模拟连线图进行硬件线路连接，注意各个模块的信号管脚连接位置一定要和软件模拟连线图一致。

（五）安装

1. 支撑座安装

选择M3×8螺钉（较长）4颗、M3×15尼龙柱（较长）4个，将尼龙柱安装在底板的4个拐角，安装时注意字面朝上。如图7-21所示。

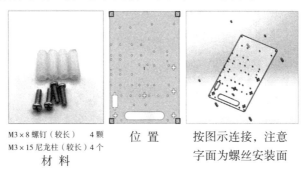

M3×8螺钉（较长）　4颗
M3×15尼龙柱（较长）4个
材　料

位　置

按图示连接，注意字面为螺丝安装面

图 7-21　安装支撑座

2. 主控板安装

选择M3×5螺钉（较短）8颗、M3×7尼龙柱（较短）4个，按如图7-22所示安装即可。

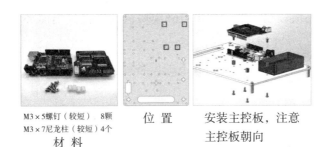

M3×5螺钉（较短） 8颗　　　位　置　　　安装主控板，注意
M3×7尼龙柱（较短）4个　　　　　　　　　　主控板朝向
材　料

图7-22　主控板安装

3. 其余硬件安装

其余硬件选择合适的位置用M3×5螺钉（较短）、M3×7尼龙柱（较短）安装即可。如图7-23所示。

图7-23　硬件组装图

（六）程序下载

在Arduino串口下载器窗口，单击串口号窗口，选择相应的串口号，然后单击下载，出现下载成功即可，最后检测实物运行效果。需要注意的是，程序下载的时候需先断开ESP8266与扩展板的连接，否则会下载失败。

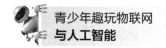
七、远程控制操作

 探究步骤

程序下载完成以后，等待ESP8266模块自动连接到当前环境下的网络，连接成功后扩展板上的LED2指示灯将亮起。

点击贝壳物联里智能设备列表下的设备遥控，如图7-24所示。控制小灯的点亮与熄灭。

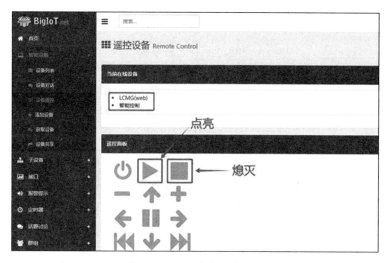

图7-24　小灯的点亮与熄灭

自此，项目已全部完成，可用点亮与熄灭按钮远程控制小灯的开关。如图7-25所示。

图7-25　远程控制台灯

第八章　花草小帮手

一、项目背景

小美在花鸟市场看到了一个盆栽准备买回家养一养。

因为有时忙于学业，经常忘记给盆栽浇水，有一天小美想给盆栽浇水时，却发现盆栽已经枯萎了。于是她思考起来，想着如果有一个可以联网并且能够实时检测土壤湿度的装置就好了，这样不仅能够在电脑上实时看到土壤的干湿状态，即使忘记浇水，也可以及时提醒自己。

这个想法很不错，让我们一起帮小美设计一个可以联网并且能够实时检测土壤湿度的装置吧。

二、项目介绍

随着人类居住条件的改善及对生态、生活环境的关注，盆栽已经成为家家户户必不可少的装饰品，盆栽可以给人们带来愉悦心情与视觉享受，但是同时，盆栽是有生命的，需要适时浇水。但大多数人都忙于工作学习，平时疏于

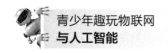

照料，经常是想起来时花已经凋亡，让人唏嘘不已。可以设计一个监测与提醒系统，实时检测土壤湿度，避免植物干枯凋零。

土壤湿度又称土壤含水率，是表示土壤干湿程度的物理量，是土壤含水量的一种相对变量。通常说的土壤湿度，即指质量湿度。还有用土壤含水量相当于田间持水量的百分数来表示土壤湿润程度的，称为土壤相对湿度。土壤湿度决定农作物的水分供应状况。土壤湿度过低，形成土壤干旱，光合作用不能正常进行，导致作物的产量和品质降低，严重缺水导致作物凋萎和死亡。土壤湿度过高，恶化土壤通气性，影响土壤微生物的活动，使作物根系的呼吸、生长等生命活动受到阻碍，从而影响作物地上部分的正常生长，造成徒长、倒伏、病害滋生等。土壤水分的多少还影响田间耕作措施和播种质量，并影响土壤温度的高低（图8-1）。

图8-1　土壤湿度检测仪

相比传统的监测方法，基于物联网的土壤湿度监测系统具有以下几个优势。

（1）准确性更高：传感器可以将土壤湿度等参数转换成数字信号，避免了人为干预可能带来的误差。

（2）监测频率更高：基于物联网的系统可以实现全面、高频率的监测，避免漏掉一些局部地区的变化。

（3）成本更低：采用物联网技术，我们可以降低人工成本、维修成本等。

（4）实时控制：云端平台可以提供实时数据分析和监测服务，以及相应的数据分析工具，实现实时控制。

三、学习任务

（1）学习土壤湿度传感器、四位数码管、8×8点阵的使用方法。

（2）了解土壤湿度传感器工作原理。

（3）设计完成一个检测花草土壤湿度的装置。

四、使用器材

Arduino主控板1块、LG拓展板1块、USB数据线1根、电池1节、ESP8266模块1组、LED灯模块2组、四位数码管1个、8×8点阵1个、蜂鸣器1个、杜邦线若干。

五、知识准备

（一）土壤湿度传感器

土壤湿度传感器又名土壤水分传感器、土壤墒情传感器、土壤含水量传感器。主要用来测量土壤相对含水量，做土壤墒情监测及农业灌溉和林业防护。常用的土壤湿度传感器主要采用FDR频域反射原理。

FDR（Frequency Domain Reflectometry）频域反射仪是一种用于测量土壤水分的仪器，通过发射一定频率的电磁波，电磁波沿探针传输，到达底部后返回，检测探头输出的电压，由于土壤介电常数的变化通常取决于土壤的含水量，由输出电压和水分的关系则可以计算出土壤的相对含水量，FDR具有简便安全、快速准确、定点连续、自动化、宽量程、少标定等优点。它是一种值得推荐的土壤水分测定仪器（图8-2）。

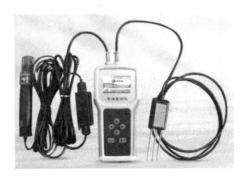

图8-2　采用FDR频域反射原理的土壤温湿度测试仪

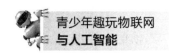

除此之外，还有电阻式土壤湿度传感器，我们采用的便是这种传感器，其原理是，把传感器插入土壤中，不同湿度的土壤的电阻值不一样，通过检测两根电极之间的电流来分析土壤的湿度。硬件电路通过分析土壤中的水分含量测算出土壤湿度，会返回一个0～1023的数值表示土壤湿度。例如，当土壤比较干燥时，返回的数值可能为950；浇水之后，土壤变湿润，返回的数值可能为500。

此模块分为两个部分，即传感器部分和模块部分。

模块有6个引脚，单独一端两个引脚的接传感器，不分正负，另一端VCC接的是正极，GND接的是负极，DO（Digital Output）数字量输出口接数字端口，AO模拟量输出口接模拟端口。

当连接DO端口时，可以通过电位调节器调控相应阈值，湿度低于设定值时，DO输出高电平，高于设定值时，DO输出低电平。

连接模拟端口AO时，可以获得土壤湿度的准确数值，注意当水分越少，数值越高（图8-3）。

图8-3　电阻式土壤湿度传感器示意图

（二）8×8点阵

8×8点阵屏幕是由横向8行、纵向8列，共64个LED组成的正方形点阵屏幕（图8-4）。利用该屏幕可以实现一些简单图形、文字、符号的显示。不同的点阵屏根据像素颜色的数目可以分为单色屏、双色屏和全彩屏，我们使用的为红色的单色屏。

图8-4　8×8点阵

8×8点阵共由16条管脚进行控制，每个发光二极管放置在行线和列线的交叉点上。通常大家所说的共阴极点阵屏和共阳极点阵屏，是根据点阵屏行线的第一个引脚的极性来决定的，如果第一个引脚是共阳，即为共阳极显示屏，反之为共阴极显示屏。

如果是共阴极显示屏，在某条行线上给一个高电平信号，某条列线上给一个低电平信号，那么交叉位置的LED灯就会点亮，而共阳极显示屏的点亮方式则与共阴极的方式相反（图8-5）。

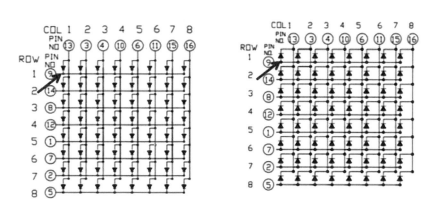

图8-5　共阴极点阵（左）、共阳极点阵（右）

由于点阵端口较多，使用不方便，因此利用MAX7219芯片进行驱动。MAX7219是一种集成化的串行输入/输出共阴极显示驱动器，它连接微处理器与8位数字的7段数字LED显示，也可以连接64个独立的LED。只需要3个I/O端口即可驱动1个点阵模块。

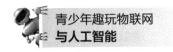

模块IN端为输入端口，OUT端为输出端口，一般我们使用IN端连接主控板，"CLK、CS、DIN"3个接口接信号端口，VCC接的是正极，GND接的是负极（图8-6）。

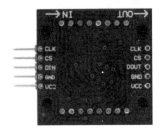

图8-6　8×8点阵引脚示意图

（三）四位数码管

数码管，也称作辉光管，是一种可以显示数字和其他信息的电子设备。按发光二极管单元连接方式可分为共阳极数码管和共阴极数码管。共阳极数码管是指将所有发光二极管的阳极接到一起形成公共阳极（COM）的数码管，共阳极数码管在应用时应将公共极COM接到+5V，当某一字段发光二极管的阴极为低电平时，相应字段就点亮，当某一字段的阴极为高电平时，相应字段就不亮。共阴极数码管是指将所有发光二极管的阴极接到一起形成公共阴极（COM）的数码管，共阴极数码管在应用时应将公共极COM接到地线GND上，当某一字段发光二极管的阳极为高电平时，相应字段就点亮，当某一字段的阳极为低电平时，相应字段就不亮（图8-7）。

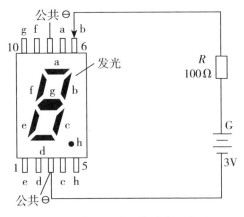

图8-7　共阴极数码管引脚示意图

四位数码管模块采用了2片595驱动，仅需要单片机3路I/O口，然后根据数码管动态扫描原理进行显示。四位数码管模块一共5个引脚，即VCC、GND、SLK、RLK、DIO，后三个接数字端口（图8-8）。

图8-8　四位数码管

（四）图形编辑器与图形显示器

图形编辑器在Linkboy软件中，可以使用图形编辑器来对一些点阵显示器进行图形的绘制，也可以导入图片自动生成点阵图形。

图形显示器可以控制绘制好的图形在点阵上显示并控制显示的状态（图8-9）。

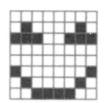

图8-9　图形编辑器与图形显示器

六、制作流程

课堂小目标

（1）完成湿度传感器等模块的连接。

（2）完成远程控制台灯的制作。

（3）实现用手机控制小灯的开关。

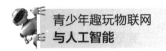

开始编程

（一）硬件模拟搭建

1. 选择主控板

单击模块—LG Maker—主板类—控制器，并将控制器拖到界面中央的工作台。如图8-10所示。

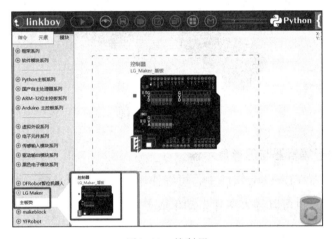

图8-10　控制器

2. 选择ESP8266模块

单击模块—传感输入模块系列—通信和存储类—ESP8266模块，并将ESP8266模块拖到工作台。如图8-11所示。

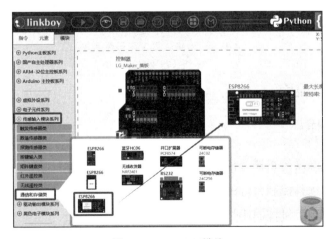

图8-11　ESP8266模块

3. 选择LED灯模块

单击模块—黑色电子模块系列—灯光输出类—红灯、绿灯，并将灯拖到工作台。如图8-12所示。

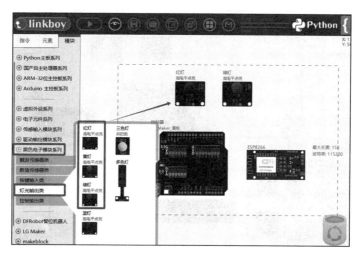

图8-12　LED灯模块

4. 选择贝壳物联

单击模块—框架系列—物联网类—贝壳物联，并将贝壳物联拖到工作台。如图8-13所示。

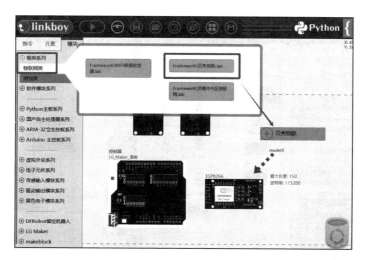

图8-13　贝壳物联

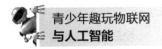

5. 选择8×8点阵

单击模块—驱动输出模块系列—LED点阵类—MAX7219点阵，并将点阵拖到工作台。如图8-14所示。

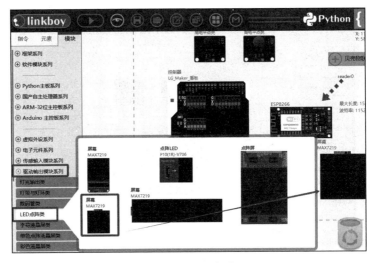

图8-14　8×8点阵

6. 选择土壤湿度传感器

单击模块—传感输入模块系列—数值传感器类—土壤湿度传感器，并将土壤湿度传感器拖到工作台。如图8-15所示。

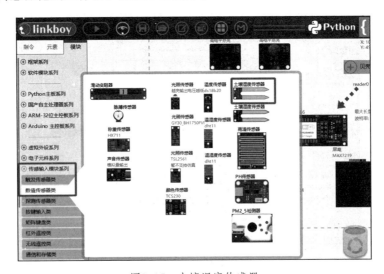

图8-15　土壤湿度传感器

7. 选择四位数码管

单击模块—驱动输出模块系列—数码管类—四位数码管，并将四位数码管拖到工作台。如图8-16所示。

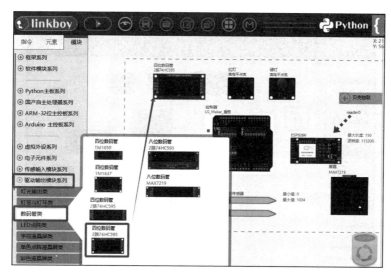

图8-16 四位数码管

8. 选择蜂鸣器

单击模块—驱动输出模块系列—声音输出类—蜂鸣器，并将蜂鸣器拖到工作台。如图8-17所示。

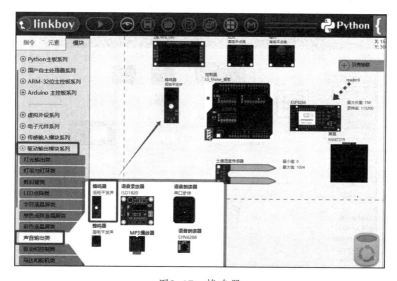

图8-17 蜂鸣器

9. 选择定时器

单击模块—软件模块系列—定时延时类—定时器，并将定时器拖到工作台。单击定时器图标，将定时器右边窗口中的定时时间修改为0.1秒，如图8-18所示。

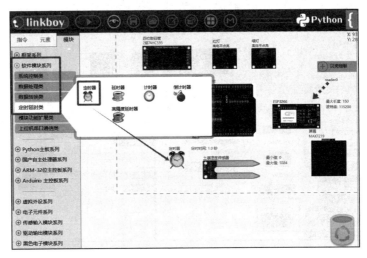

图8-18 定时器

10. 选择信息显示器、图形显示器

单击模块—软件模块系列—模块功能扩展类—信息显示器、图形显示器，并将信息显示器、图形显示器拖到工作台。如图8-19所示。

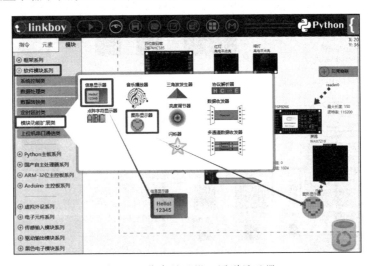

图8-19 信息显示器、图形显示器

11. 选择图形编辑器

单击元素—图形编辑器，并将图形编辑器拖到工作台。添加3个图形编辑器，并单击图形编辑器图标，将图形编辑器右边窗口中名称依次修改为"伤心、无精打采、开心"，如图8-20所示。再单击编辑按钮，进入单色图片编辑器，鼠标左键绘制像素、鼠标滚轮删除像素、鼠标右键整体拖动图片，如图8-21所示。

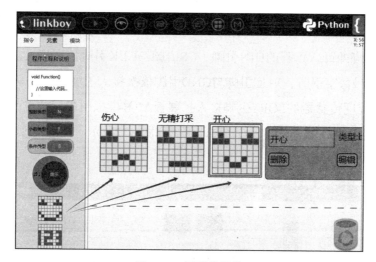

图8-20　图形编辑器

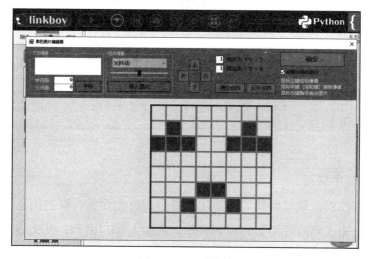

图8-21　图形编辑

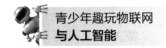

12. 模拟连线

ESP8266模块的RX引脚必须连接在扩展板的D0号数字引脚，TX引脚必须连接在主控板的D1号数字引脚，剩下VCC引脚与GND引脚依次接入扩展板D1的V、G管脚即可。红灯模块和绿灯模块的IN引脚接入扩展板D7、D8的数字引脚，VCC引脚与GND引脚依次接入扩展板D7、D8的V、G管脚即可。蜂鸣器模块的I/O引脚接入扩展板D12号数字引脚，VCC引脚与GND引脚依次接入扩展板D12的V、G管脚即可。四位数码管的SCK引脚、RCK引脚、DIO引脚依次接入扩展板D2、D3、D4号数字引脚，VCC引脚与GND引脚依次接入扩展板D2的V、G管脚即可。点阵的DIN引脚、CS引脚、CLK引脚依次接入扩展板D9、D10、D11号数字引脚，VCC引脚与GND引脚依次接入扩展板D9的V、G管脚即可。土壤湿度传感器的PORT引脚接入扩展板A0号模拟引脚，VCC引脚与GND引脚依次接入扩展板A1的V、G管脚即可。如图8-22所示。注意模拟连线要与实物连线相对应。

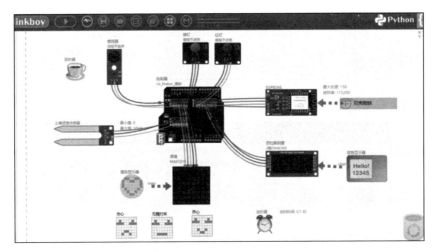

图8-22　模拟连线

（二）程序编写

单击主控板选取控制器"初始化"指令，首先要编写联网信息，调出相关脚本后，先输入当前环境下的WiFi名称，再输入WiFi密码；其次将之前记下智能设备的ID和APIKEY输入；最后添加控制器"指示灯点亮"作为成功连上的特征。如图8-23所示。

图8-23　设备连接网络参数设置参考程序

　　单击贝壳物联，选择"接收到命令c时"指令，然后向里面添加条件判断语句"如果……"，条件量选取运算中的"？Cstring==？Cstring"。如图8-24所示。单击左边的"？Cstring"选择全局自定义里的"c"，单击右边的"？Cstring"在数字指令里用键盘输入"stop"后单击确定。在如果指令里添加"红灯熄灭"指令。如图8-25所示。

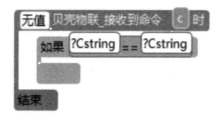

图8-24　条件判断语句

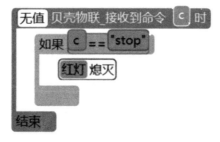

图8-25　"红灯熄灭"程序

　　单击定时器图标，添加选择"定时器时间到时"初始化指令，添加模块功能指令，将模块功能指令修改为"向数据接口上传土壤湿度传感器数值"。如图8-26所示。这样便可通过贝壳物联利用网络实时查看土壤湿度数值。

图8-26　定时器时间到时

单击主控板选取控制器"反复执行"指令，添加模块功能指令，并将指令修改为"信息显示器清空"，这样可以清空之前显示的数据，避免多个数据叠加显示，再添加一个"延时器延时0.1秒"指令，延迟程序运行时间。如图8-27所示。

图8-27　控制器反复执行程序1

在"延时器延时0.1秒"的下面添加"如果条件量"指令，单击"条件量"进入指令编辑器，选择运算中的"条件量或者条件量"。如图8-28所示。

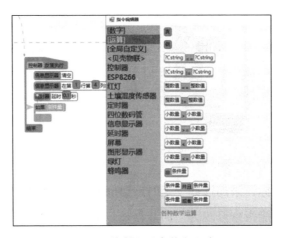

图8-28　控制器反复执行程序2

　　单击"条件量或者条件量"中的任一"条件量"，再次进入指令编辑器，选择运算中的"条件量并且条件量"嵌入"条件量或者条件量"中。如图8-29所示。

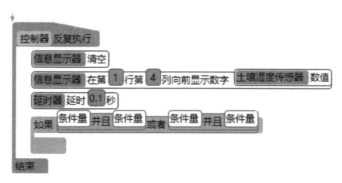

图8-29　控制器反复执行程序3

　　依次单击"条件量"，将"条件量"修改为"土壤湿度传感器数值＞0并且土壤湿度传感器数值≤350"和"土壤湿度传感器数值＞750并且土壤湿度传感器数值≤1023"，此时当土壤湿度传感器数值检测到的数值在0～350之间，说明此时土壤水分过多；当土壤湿度传感器数值检测到的数值在750～1023之间，说明此时土壤水分过少。此时，图形显示器清空，然后将绘制"伤心"到坐标"00"处，蜂鸣器每隔0.1s发出警报。如图8-30所示。

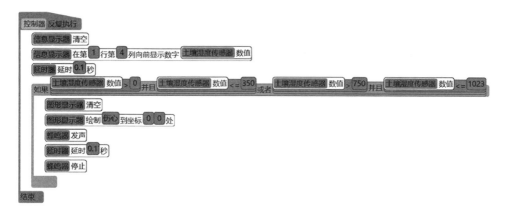

图8-30　控制器反复执行程序4

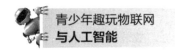

同样方法，在添加两个"如果条件量"，并将条件量修改为"土壤湿度传感器数值＞350并且土壤湿度传感器数值≤450""土壤湿度传感器数值＞650并且土壤湿度传感器数值≤750"。此时，当土壤湿度传感器数值检测到的数值在350～450之间，说明土壤水分较多；当土壤湿度传感器数值检测到的数值在750～1023之间，说明土壤水分较少。此时，图形显示器清空，然后将绘制"无精打采"到坐标"00"处，红灯每隔0.1s闪烁。当土壤湿度传感器数值检测到的数值在450～650之间，说明土壤水分适中，此时，图形显示器清空，然后将绘制"开心"到坐标"00"处，绿灯每隔0.1s闪烁。如图8-31所示。

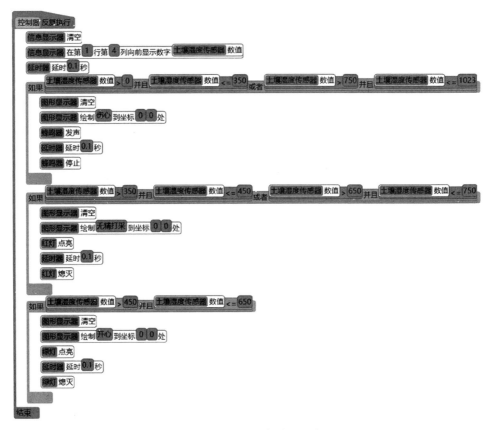

图8-31　控制器反复执行程序5

程序与全部模块连接完成，如图8-32所示。

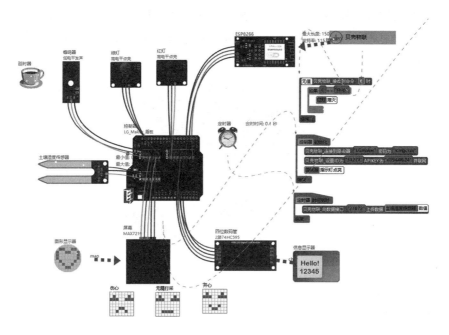

图8-32　完整模拟图

（三）硬件搭建

根据模拟连线图进行硬件线路连接，注意各个模块的信号管脚连接位置一定要和软件模拟连线图一致，土壤湿度传感器中的AO引脚接扩展部的A0引脚（图8-33）。

图8-33　硬件实物搭建图

（四）安装

1. 四位数码管安装

找出M3×5螺钉（较短）4颗、M3×7尼龙柱（较短）2个、立板1个，先将2颗螺钉和2个尼龙柱按如图8-34所示固定在立板两个孔位上，再把四位数码管放在尼龙柱上，最后用2颗螺钉固定。如图8-34所示。

材　料　　　　位　置　将四位数码管用尼龙柱、螺钉
　　　　　　　　　　　　　固定在立板上

图8-34　四位数码管安装

2. 点阵安装

找出M3×5螺钉（较短）2颗、M3×7尼龙柱（较短）1个、立板1个，先将1颗螺钉和1个尼龙柱按如图8-35所示固定在立板孔位上，再把点阵放在尼龙柱上，最后用2颗螺钉固定。

方式一拆解图

| 材 料 | 位 置 | 安装方式有两种，方式一：拆解点阵模块安装；方式二：先将螺钉穿过点阵模块，然后安装尼龙柱。 |

图8-35 点阵安装

3.其余硬件安装

其余硬件选择合适的位置用M3×5螺钉（较短）、M3×7尼龙柱（较短）安装即可。如图8-36、图8-37所示。

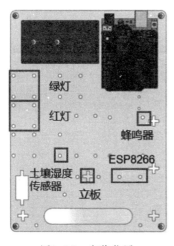

图8-36 安装位置

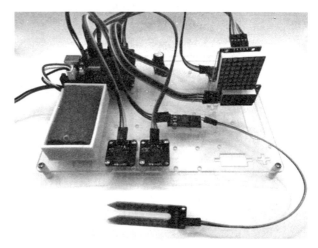

图8-37 硬件组装图

（五）程序下载

在Arduino串口下载器窗口，单击串口号窗口，选择相应的串口号，然后单击下载，出现下载成功即可，最后检测实物运行效果。需要注意的是，程序下载的时候需先断开ESP8266与扩展板的连接，否则会下载失败。

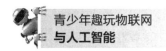

七、远程控制操作

 探究步骤

打开遥控设备——贝壳物联添加数据接口，从左侧找到"接口"，选择"添加接口"，在接口名称里填入"土壤湿度"，填写相关接口信息，注意所属设备要选择我们刚刚建立的"智能控制"，接口类型为"模拟量接口"，设置单位和名称，单击确定即可。建立成功后如图8-38所示。程序下载完成以后，等待ESP8266模块自动连接到当前环境下的网络，连接成功后扩展板上的LED2指示灯将亮起。

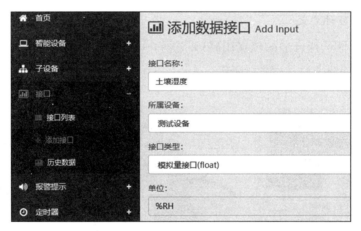

图8-38　接口列表

接口创建和程序下载都完成以后，单击贝壳物联里接口列表下的数据查看，如图8-39所示。在线查看土壤湿度数据。

图8-39　数据查看

土壤湿度数据如图8-40所示。

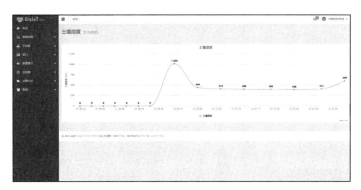

图8-40 土壤湿度数据

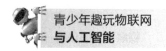
第九章　远程红绿灯

一、项目背景

在一个繁忙的城市中心，交通拥堵成了居民们日常生活中的一大困扰。每天早晚高峰期，车辆排成长龙，导致通勤时间大大延长。不仅如此，交通事故也时有发生，给道路交通安全带来了严重的隐患。

为了解决这一问题，城市交通管理部门引入了远程红绿灯项目。通过现代科技的运用，交通管理人员可以远程监控城市各个交通路口的交通情况。当发现某个路口出现交通拥堵时，他们可以立即调整信号灯的时间和顺序，以优化交通流量，缓解拥堵。

有一天，下班高峰期，一辆救护车急速驶来，但是路口的红绿灯却一直显示红灯。交通管理人员通过远程红绿灯系统立即注意到了这一情况，他们立刻将该路口的信号灯调整为绿灯，为救护车开辟了通行道路，确保了患者能够及时获得救治。

由于远程红绿灯项目的实施，交通拥堵问题得到了有效缓解，交通事故率也明显下降。居民们的出行更加便利，生活质量得到了显著提升。这个现代化的交通管理系统成了城市交通管理的一大亮点，为城市的发展贡献了重要的力量（图9-1）。

图9-1　远程红绿灯控制系统

二、项目介绍

远程红绿灯项目是一种基于远程控制技术的智能交通管理系统，旨在提高交通信号灯的效率和安全性。这个项目的背景可以追溯到交通拥堵和交通事故频发的问题，特别是在城市中心和繁忙的交通路口。传统的红绿灯控制系统往往无法满足交通需求，因此需要一种更智能和高效的解决方案。

远程红绿灯项目利用现代通信技术和智能控制系统，可以实现对交通信号灯的远程监控和调整。这意味着交通管理人员可以通过远程控制系统实时监控交通路口的情况，并根据实际情况调整信号灯的时间和顺序，以优化交通流量和减少交通拥堵。此外，远程红绿灯系统还可以与交通监控摄像头和车辆识别系统相结合，实现智能化的交通管理和监控。

该项目利用现代通信技术和智能控制系统，可以实现对交通信号灯的远程监控和调整，从而优化交通流量和减少交通拥堵。该项目的主要特点包括：

（1）实时监控：远程红绿灯项目可以实时监控交通路口的情况，包括交通流量、车辆速度、车辆类型等信息，为交通管理人员提供准确的数据支持。

（2）远程控制：交通管理人员可以通过远程控制系统对交通信号灯进行调整，包括调整信号灯的时间和顺序，从而优化交通流量和减少交通拥堵。

（3）智能化管理：远程红绿灯系统可以与交通监控摄像头和车辆识别系统相结合，实现智能化的交通管理和监控。例如，系统可以自动识别交通拥堵情况，并根据实际情况调整信号灯的时间和顺序。

（4）提高交通安全：远程红绿灯项目可以提高交通安全性，减少交通事故的发生。例如，在紧急情况下，交通管理人员可以立即调整信号灯的时间和顺序，为紧急车辆开辟通行道路。

总的来说，远程红绿灯项目是一种现代化的交通管理系统，可以提高城市交通的整体运行效率和安全性，为城市的发展和居民的生活带来巨大的贡献。

三、学习任务

（1）了解生活中远程红绿灯的使用规律。

（2）学习超声波传感器的使用方法。

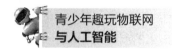

（3）完成远程红绿灯的编程。

四、使用器材

Arduino主控板1块、LG拓展板1块、USB数据线1根、电池1节、ESP8266物联网模块1组、四位数码管1个、多色灯模块1组、杜邦线若干。

五、知识准备

（一）准备

要准备远程红绿灯项目的知识，可以从以下几个方面进行学习和了解。

（1）交通信号灯基础知识：了解交通信号灯的种类、工作原理、控制方式等基础知识，包括传统信号灯和现代智能信号灯的区别。

（2）远程控制技术：学习远程控制技术的原理和应用，包括远程监控、远程通信、远程操作等方面的知识。

（3）智能交通系统：了解智能交通系统的相关知识，包括智能交通控制、智能交通监控、智能交通管理等方面的内容。

（4）通信技术：了解通信技术在远程红绿灯项目中的应用，包括无线通信、互联网通信、数据传输等方面的知识。

（二）交通信号灯

交通信号灯是用于指示交通参与者何时可以通行和何时应该停止的设备。以下是一些关于交通信号灯的基础知识。

（1）信号灯的种类：交通信号灯通常分为红灯、黄灯和绿灯。红灯表示停止，黄灯表示警告，绿灯表示通行。

（2）工作原理：交通信号灯通过控制不同颜色灯泡的亮灭来指示不同的交通状态。通常采用定时控制或者传感器检测的方式来切换不同颜色的灯光。

（3）控制方式：交通信号灯的控制方式通常包括定时控制、车辆检测控制和手动控制。定时控制是根据预设的时间来切换信号灯颜色；车辆检测控制是通过车辆检测器感知交通状况来调整信号灯；手动控制是由交通管理人员进行远程或现场控制。

（4）现代智能信号灯：现代智能信号灯采用先进的传感器技术和智能控制系

统，可以根据交通流量实时调整信号灯的时间，以优化交通流量和减少拥堵。

（5）交通信号灯的作用：交通信号灯有助于提高交通安全性，优化交通流量，减少交通事故，提高交通效率。

（6）本章用多色灯模块作为交通信号灯，多色灯模块上面有红、黄、绿三种不同颜色的灯。该模块一共有4个引脚，R、Y、G分别表示Red（红）、Yellow（黄）、Green（绿），但是只有一个GND，没有VCC，属于共用一个阴极，因此GND接的是负极，R、Y、G分别接入不同的信号端口，控制其对应颜色的灯（图9-2）。

图9-2　多色灯模块

（三）四位数码管

四位数码管是一种常见的数字显示设备，通常用于显示数字和一些特定的字符。它由4个七段数码管组成，每个数码管可以显示数字0～9和一些字母，例如A～F。四位数码管可以通过控制每个数码管的LED灯来显示所需的数字或字符。

Linkboy编程软件中的四位数码管模块可以用来控制和显示四位数码管的数字。下面是使用Linkboy编程软件中的四位数码管模块的一些基本知识点。

（1）显示数字：通过四位数码管模块，你可以设置每一位数码管显示的数字，可以是0～9之间的任意数字。

（2）显示符号：除了数字，四位数码管模块还支持显示一些特殊符号，如小数点、减号等。

（3）控制亮度：可以通过编程控制四位数码管的亮度，使得数字显示更加

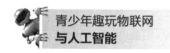

清晰。

（4）多种显示模式：四位数码管模块通常支持多种显示模式，如静态显示、动态扫描显示等。

（5）编程控制：通过Linkboy编程软件的图形化编程界面，你可以使用相应的编程块来控制四位数码管的显示内容和显示效果。

（6）如图9-3和图9-4所示是我们本章所使用的四位数码管硬件和软件模块（2路74HC595）。

四位数码管
2路74HC595

图9-3　四位数码管硬件材料　　　　图9-4　四位数码管模块

（四）信息显示器

Linkboy编程软件中的信息显示器模块用于控制LCD屏幕或其他类型的信息显示器，以下是关于使用信息显示器模块的一些基本知识点。

（1）显示文本：你可以使用信息显示器模块在LCD屏幕上显示文本，如字母、数字、符号等。

（2）显示图形：除了文本，信息显示器模块通常也支持显示简单的图形，如矩形、圆形等。

（3）控制颜色：一些信息显示器模块支持显示颜色，你可以通过编程来控制文本或图形的颜色。

（4）设置字体大小：你可以通过信息显示器模块来设置文本的字体大小，以便满足不同显示需求。

（5）编程控制：通过Linkboy编程软件的图形化编程界面，你可以使用相应的编程块来控制信息显示器的显示内容、颜色、字体大小等属性。

（6）图形化界面设计：一些信息显示器模块还支持在LCD屏幕上设计图形

化界面，如按钮、菜单等，以实现交互式的显示效果。

如图9-5所示是我们所用到的信息显示器模块，本章信息显示器模块的主要功能是显示数字。

图9-5　信息显示器模块

六、制作流程

课堂小目标

（1）学习使用远程客户端控制红绿灯的开启和关闭。

（2）在控制红绿灯的开启的同时使四位数码管上显示时间倒计时。

（3）完成远程红绿灯的实物制作。

开始编程

（一）思路设计（图9-6）

图9-6　设计思路示意图

编好程序后，下载到开发板上，通过远程客户端控制红灯、黄灯、绿灯的亮灭，然后由四位数码管显示灯亮的时间长短，实现作品设计效果。

（二）硬件模拟搭建

1.选择主控板

单击模块—LG Maker—主板类—控制器，并将控制器拖到界面中央的工作台。如图9-7所示。

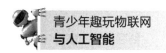

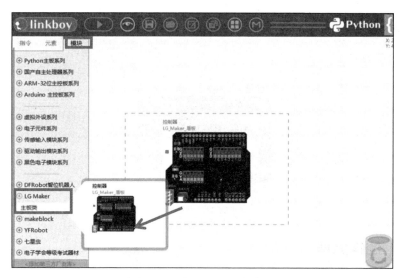

图9-7　控制器（灵创拓展板已扣在UNO板上）

2.选择多色灯

　　单击模块—黑色电子模块系列—灯光输出类—多色灯，并将多色灯拖到工作台。如图9-8所示。

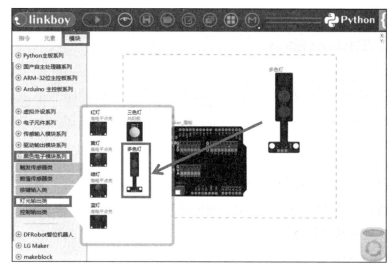

图9-8　多色灯

3. 选择四位数码管

单击模块—驱动输出模块系列—数码管类—四位数码管（2路74HC595），并将四位数码管（2路74HC595）拖到工作台。如图9-9所示。

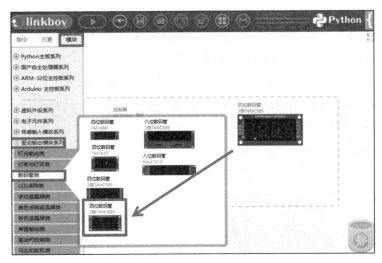

图9-9　四位数码管模块

4. 选择信息显示器

单击模块—软件模块系列—模块功能扩展类—信息显示器，并将信息显示器模块拖到工作台。如图9-10所示。

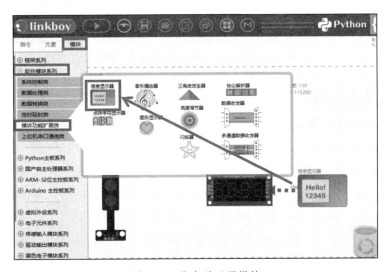

图9-10　信息显示器模块

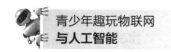
信息显示器介绍：

信息显示器是文字显示引擎，用来控制数码管、液晶显示屏等显示设备显示数字或者字母。

5. 选择ESP8266模块

单击模块—传感输入模块系列—通信和存储类—ESP8266模块，并将ESP8266模块拖到工作台。如图9-11所示。

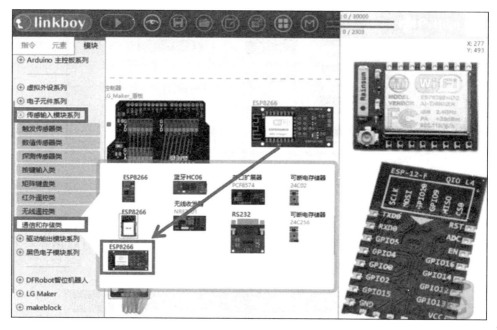

图9-11　ESP8266模块

6. 选择贝壳物联

单击模块—框架系列—物联网类—贝壳物联，并将贝壳物联拖到工作台。如图9-12所示。

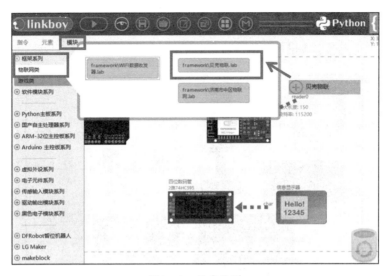

图9-12　贝壳物联

7. 选择延时器

单击模块—软件模块系列—定时延时类—延时器、定时器，并将延时器和
定时器拖到工作台。如图9-13所示。

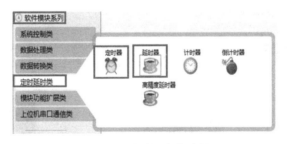

图9-13　延时器和定时器

8. 模拟连线

将多色灯的R管脚连接到主控板的D2数字管脚，Y管脚连接到主控板的D3
数字管脚，G管脚连接到主控板的D4数字管脚，VCC、GND管脚分别用导线连
接到主控板上D2的VCC、GND管脚。将四位数码管的SCK管脚连接到主控板的
D8数字管脚，RCK管脚连接到主控板的D9数字管脚，QH管脚连接到主控板的
D10数字管脚，VCC、GND管脚分别用导线连接到主控板上D8的VCC、GND管

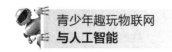

脚。将ESP8266模块的TX管脚连接到主控板的D0数字管脚，RX管脚连接到主控板的D1数字管脚，VCC、GND管脚分别用导线连接到主控板的VCC、GND管脚。模拟电路连接如图9-14所示。

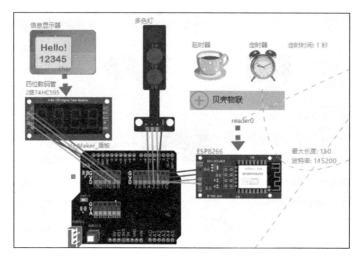

图9-14　模拟连线

（三）程序编写

单击元素，找到整数类型N，并将整数类型N拖到工作台上。如图9-15所示。

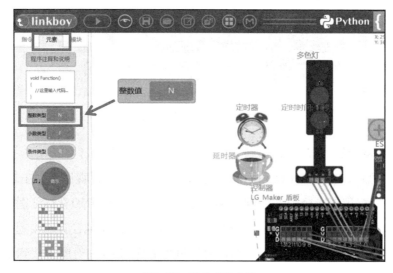

图9-15　整数值N查找

120

单击主控板选取控制器"初始化"指令，首先要编写联网信息，调出相关脚本后，先输入当前环境下的WiFi名称，再输入WiFi密码，然后将之前记下智能设备的ID和APIKEY输入，添加控制器"指示灯点亮"作为成功连上的特征，最后输入定义数值"N=1"，表示初始值。如图9-16所示。

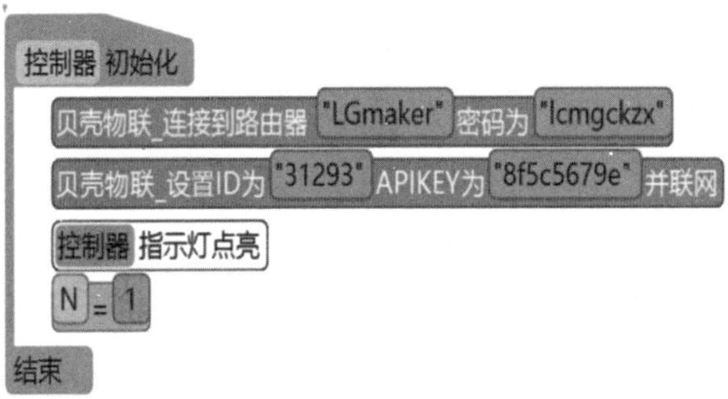

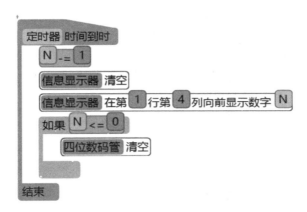

图9-16　初始化程序

单击定时器模块，添加"定时器时间到时"事件指令，首先将N值设置为递减的方式，然后一直让信息显示器表示为清空状态，每表示一次数值后立马清空，显示下一个数值。定义变量如果N≤0时，四位数码管清空，不显示任何数值。如图9-17所示。

图9-17　定时器时间到时

定时器介绍：

定时器模块，当定时器到指定的时间间隔时会触发一个"定时器时间到"事件，然后继续从0开始计时直到下一次触发事件，如此反复。注意：当系统启

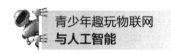

动时，定时器默认是启动状态。我们经常将其用作反复执行使用。

　　单击贝壳物联，选择"接收到命令c时"指令，然后向里面添加条件判断语句"如果……"，条件量选取运算中的"? Cstring==? Cstring"。如图9-18所示。单击左边的"? Cstring"选择全局自定义里的"c"，单击右边的"? Cstring"在数字指令里用键盘输入"stop"后单击确定。在如果指令里添加"多色灯红灯点亮""多色灯黄灯熄灭"与"多色灯绿灯熄灭"指令。表示只允许红灯亮，设置"N=20"，表示红灯亮的时间为20s，添加"信息显示器清空""信息显示器在第1行第4列向前显示数字N"，可以在四位数码管上直接显示数字。这样，远程控制信号灯的红灯程序已写好，另外，远程黄灯与绿灯的程序可参考控制红灯的程序。只需改动一些指令和改变数值，如图9-19所示。

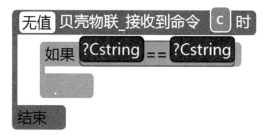

图9-18　条件判断语句

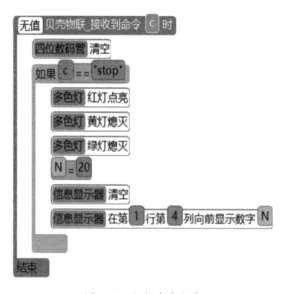

图9-19　红灯点亮程序

远程控制黄灯与绿灯的程序如图9-20所示。

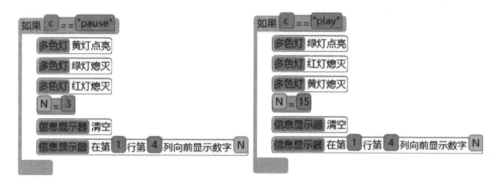

图9-20 黄灯与绿灯点亮程序

程序与全部模块连接完成如图9-21所示。

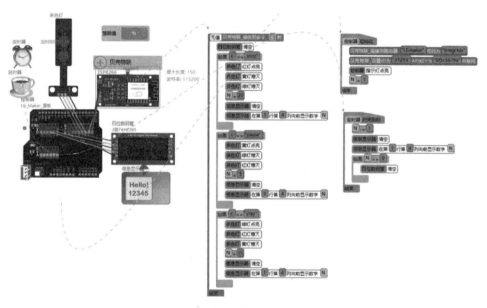

图9-21 模拟仿真图

（四）硬件搭建

根据模拟连线图进行硬件线路连接，注意各个模块的信号管脚连接位置一定要和软件模拟连线图一致。

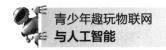
（五）安装

1. 支撑座安装

选择M3×8螺钉（较长）4颗、M3×15尼龙柱（较长）4个，按照如图9-22所示，将尼龙柱安装在底板的4个拐角，安装时注意字面朝上。

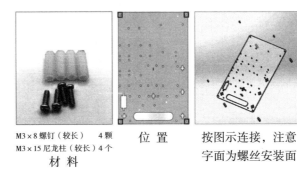

M3×8螺钉（较长） 4颗
M3×15尼龙柱（较长）4个
材料　　　　**位　置**　　　按图示连接，注意字面为螺丝安装面

图9-22　安装支撑座

2. 主控板安装

选择M3×5螺钉（较短）8颗、M3×7尼龙柱（较短）4个，按照如图9-23所示安装即可。

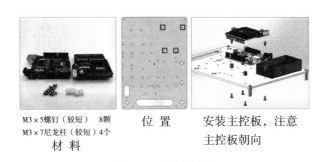

M3×5螺钉（较短） 8颗
M3×7尼龙柱（较短）4个
材料　　　　**位　置**　　　安装主控板，注意主控板朝向

图9-23　主控板安装

3. 其余硬件安装

其余硬件选择合适的位置用M3×5螺钉（较短）、M3×7尼龙柱（较短）安装即可。如图9-24所示。

图9-24　硬件组装图

（六）程序下载

在Arduino串口下载器窗口，单击串口号窗口，选择相应的串口号，然后单击下载，出现下载成功即可，最后检测实物运行效果。需要注意的是，程序下载的时候需先断开ESP8266与扩展板的连接，否则会下载失败。

七、远程控制操作

开始编程

打开遥控设备——贝壳物联找到智能设备的设备列表，同时注意看接入电后盾板上电源指示灯亮度是否正常，若是指示灯亮度太低，说明电源的电压达不到连接要求，最好再把USB下载线一起接入通电，保证电压足够。在线状态刚开始显示为不在线，如图9-25所示。

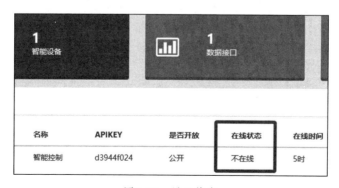

名称	APIKEY	是否开放	在线状态	在线时间
智能控制	d3944f024	公开	不在线	5时

图9-25　显示状态

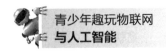

等待ESP8266模块自动连接到当前环境下的网络，连接成功后扩展板上的
LED2指示灯将亮起。此时观察贝壳物联上的设备列表在线状态是否显示在线，
若是没有，可多次尝试右击一下再单击重新加载，若是直接连接显示在线状
态，可单击设备列表进行下一步。连接成功后如图9-26所示。

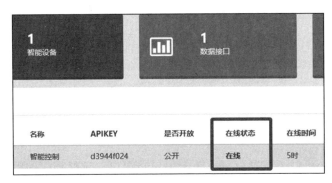

图9-26　连接成功

程序下载和连接显示状态都完成以后，即可单击贝壳物联里智能设备
列表下的设备遥控，如图9-27所示。控制红灯、黄灯和绿灯的亮灭与时间倒
计时。

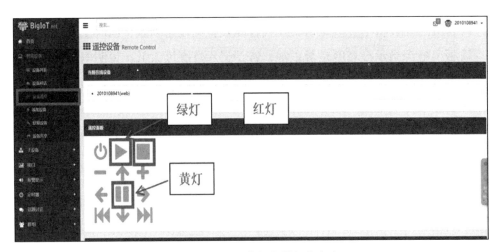

图9-27　红灯、黄灯和绿灯的点亮

自此，项目已全部完成，可用三个不同功能的按键控制红灯、黄灯和绿灯的亮灭和显示数字时间倒计时。如图9-28所示。

图9-28 远程控制红绿灯

第三篇

物联网提高项目

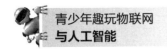
第十章 教室人数统计器

一、项目背景

物联网教室人数统计器是一种基于物联网技术的智能设备，主要用于对教室内的学生人数进行实时监控和统计。该项目通过将传感器、数据采集设备、无线通信技术和云计算平台相结合，实现了对学生人数的精确统计和管理。

在实际应用中，物联网教室人数统计器可以安装在教室门口或通过超声波传感器技术自动检测进出教室的学生人数。同时，设备还可以连接到学校的网络系统，将采集到的数据实时传输到云端服务器，方便教师、校方和家长随时查看学生出勤情况。

物联网教室人数统计器的推广和应用对于提高教育管理效率、保障学生安全具有重要意义。它可以有效避免学生逃课、迟到等问题，为学校提供更加精确的数据支持，有助于优化教育资源分配和管理决策。同时，它也为家长提供了便捷的监督手段，让他们更加放心地将孩子交给学校（图10-1、图10-2）。

图10-1 教室人数统计器示意图1

图10-2 教室人数统计器示意图2

总之，物联网教室人数统计器是一项创新性的教育技术项目，它的出现将对传统教育管理模式产生深远的影响。随着物联网技术的不断发展和完善，相信这一项目在未来将会得到更广泛的应用和发展。

二、项目介绍

物联网教室人数统计器是一种基于超声波传感器的智能设备，用于实时监测和统计教室内的学生人数。该项目旨在提高教室管理效率，减轻教师的工作负担，为学生提供一个更加安全、舒适的学习环境。

该统计器采用先进的超声波传感技术，通过发射和接收超声波信号，计算在传感器探测范围内的人头数量。与传统的红外感应或图像识别方法相比，超声波传感器具有更高的精度和抗干扰能力，且不受光线、颜色等因素的影响。

在实际应用中，物联网教室人数统计器可以安装在教室内的各个角落，形成一个覆盖整个教室的监测网络。通过与云平台的数据交互，教师和管理者可以随时查看教室内的人数情况，以便及时调整教学安排、安全管理等工作。

此外，物联网教室人数统计器还可以与其他智能设备相结合，实现更多功能。例如，当教室内人数达到预设值时，自动关闭空调或照明设备，以节约能源；当发现异常人员进出时，自动报警并通知相关人员。

值得一提的是，中国在物联网领域拥有世界领先的技术和产业基础。例如，华为、阿里巴巴等企业在物联网技术研发和应用方面取得了丰硕的成果。这些企业的技术和产品可以为物联网教室人数统计器的研发和应用提供有力支持。

总之，物联网教室人数统计器是一种具有广泛应用前景的智能设备，有望为教育行业作出巨大贡献。

在本项目中，我们规定学生只能从教室前门进（进门端）、从教室后门出（出门端）。因为教室里的总人数等于进门总人数减去出门总人数，所以我们只需要分别统计进门的人数和出门的人数。

在本项目中，我们需要用到两个超声波传感器：一个放在进门端用于统计进门人数，另一个放在出门端用于统计出门人数。要检测有没有人进门或者出门，用超声波传感器就可以实现——当有人经过时，超声波传感器检测到的数值就会变小。

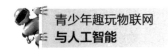

三、学习任务

（1）了解超声波传感器的工作原理。

（2）学习超声波传感器的使用方法。

（3）使用超声波传感器完成教室人数统计器的设计。

四、使用器材

Arduino主控板1块、LG拓展板1块、USB数据线1根、电池1节、ESP8266物联网模块1组、超声波传感器2个、四位数码管模块1组、杜邦线若干。

五、知识准备

（一）编程基础电路常识

编程基础电路常识对于学习编程的初学者来说是非常重要的。了解电路的基本原理和组成部分，可以帮助我们更好地理解计算机硬件的工作方式，从而为编写高质量的程序打下坚实的基础。

首先，我们需要了解电路的基本概念。电路是由电源、导线、电阻、电容、电感等元件组成的闭合回路。电流是电荷在导体中的流动，单位是安培（A）。电压是电荷在两点之间的势能差，单位是伏特（V）。电阻是导体对电流的阻碍作用，单位是欧姆（Ω）。

在编程中，我们经常会遇到逻辑电路。逻辑电路是根据输入信号的高低电平来控制输出信号的电路。常见的逻辑门有与门（ANDgate）、或门（ORgate）、非门（NOTgate）等。与门的输出只有在所有输入都为高电平时才为高电平；或门的输出在任意一个输入为高电平时就为高电平；非门的输出与输入相反，即输入为高电平时输出为低电平，输入为低电平时输出为高电平。

除了逻辑电路，我们还需要注意数字电路和模拟电路的区别。数字电路处理的是离散的信号，如开关状态（0和1）；而模拟电路处理的是连续的信号，如音频和视频信号。在编程中，我们主要关心的是数字电路，因为它们构成了计算机硬件的基础。

计算机硬件主要由五大部分组成：控制器、运算器、存储器、输入设备和输出设备。控制器负责解析和执行指令；运算器负责进行算术和逻辑运算；存储器用于存储数据和程序；输入设备用于将外部信息输入计算机；输出设备用于将计算机处理后的信息输出给用户。

在编程过程中，我们需要了解各种编程语言和编译器如何将这些电路组合在一起来实现复杂的功能。例如，汇编语言可以直接操作计算机硬件，通过编写一系列的指令来实现程序的功能；而高级编程语言则通过编译器将这些指令翻译成计算机可以理解的机器代码。

总之，掌握编程基础电路常识对于编程初学者来说是非常重要的。了解电路的基本原理和组成部分，可以帮助我们更好地理解计算机硬件的工作方式，从而为编写高质量的程序打下坚实的基础。同时，我们还需要不断学习和实践，才能在编程领域取得更好的成绩。

（二）超声波传感器

超声波传感器是一种利用超声波的特性进行测量和检测的传感器。它通过发射超声波并接收反射回来的超声波，根据超声波在空气中的传播速度和时间来计算距离或检测物体的存在。

超声波传感器具有许多优点。首先，它不受光线、颜色和透明度的影响，可以在黑暗或复杂的环境中工作。其次，它的响应速度快，可以实时监测物体的位置和运动。此外，超声波传感器还具有高分辨率和高精度，可以精确地测量距离和检测物体的大小。

超声波传感器广泛应用于各种领域。在工业自动化领域，它可以用于机器人导航、物料检测和液位测量等任务。在汽车领域，超声波传感器可以用于倒车雷达、盲点检测和自动泊车等功能。在医疗领域，超声波传感器可以用于超声诊断、血流测量和组织成像等应用。

除了以上应用领域，超声波传感器还可以用于智能家居、安防系统和环境监测等领域。例如，在智能家居中，它可以用于控制智能门锁、智能窗帘和智能照明等设备。在安防系统中，它可以用于人体感应报警和入侵检测等功能。在环境监测中，它可以用于测量空气质量、水质和温度等参数。

总之，超声波传感器是一种功能强大、应用广泛的传感器。它利用超声波

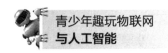

的特性进行测量和检测，具有高精度、高分辨率和快速响应等优点。随着科学技术的不断发展，超声波传感器将在更多领域发挥重要作用（图10-3）。

图10-3　超声波测距模块功能示意图

（三）多色灯模块介绍

红绿灯全称是交通信号灯，是指挥交通运行的信号灯，一般由红灯、绿灯、黄灯组成。红灯表示禁止通行，绿灯表示准许通行，黄灯表示警示通过。红绿灯是通过调节红灯和绿灯亮的时长，使车辆行人有序地通过。

多色灯模块上面有红、黄、绿三种不同颜色的灯。

该模块一共有4个引脚（图10-4），R、Y、G分别表示Red（红）、Yellow（黄）、Green（绿），但是只有一个GND，没有VCC，属于共用一个阴极，因此GND接的是负极，R、Y、G分别接入不同的信号端口，控制其对应颜色的灯。

图10-4　多色灯模块

四位数码管模块介绍：

四位数码管模块是一种常见的显示设备，主要用于显示数字和其他字符。它由四个独立的LED数码管组成，每个数码管可以显示0～9的数字或者字母A～F。这种模块广泛应用于各种电子设备中，如计算器、电子时钟、电子表、家电控制面板等。

四位数码管模块的工作原理是通过控制每个数码管的点亮和熄灭来显示不同的数字或字符。每个数码管内部都有一个8段的发光二极管（LED）阵列，通过改变这些二极管的电流，可以显示出不同的数字或字符。这8段包括7个"笔画"（a～g）和一个小数点。

四位数码管模块（图10-5）的主要特点有以下几点。

（1）显示清晰：由于每个数码管都可以显示一个数字或字符，因此可以清晰地显示出四位的数字或字符。

（2）显示内容丰富：除了可以显示数字外，还可以显示字母、符号等其他信息。

（3）控制简单：只需要通过改变每个数码管的电流就可以实现显示的控制，控制电路相对简单。

（4）耐用性强：由于使用了LED作为显示元件，因此具有很长的使用寿命。

（5）能耗低：LED的功耗非常小，因此四位数码管模块的能耗也非常低。

总的来说，四位数码管模块是一种非常实用的显示设备，它不仅可以清晰地显示出四位的数字或字符，而且控制简单，耐用性强，能耗低，因此在各种电子设备中都有广泛的应用。

图10-5　四位数码管模块

六、制作流程

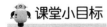课堂小目标

（1）使用前门超声波传感器感应教室中是否有同学进入，如果检测到将变量人数增加1；使用后门超声波传感器感应教室中是否有同学离开，如果检测到将变量人数减少1。

（2）学习使用远程客户端控制变量人数的增加、减少。

（3）完成用远程客户端控制教室感应灯的实物制作。

开始编程

（一）思路设计（图10-6）

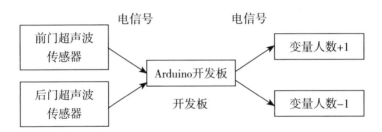

图10-6　设计思路示意图

超声波传感器将测量数据收集完成后通过电信号实时发送到开发板，开发板分析所测数据，再通过程序控制变量人数的数值大小，实现作品设计效果。

（二）硬件模拟搭建

1.选择主控板

单击模块—LG Maker—主板类—控制器，并将控制器拖到界面中央的工作台（图10-7）。

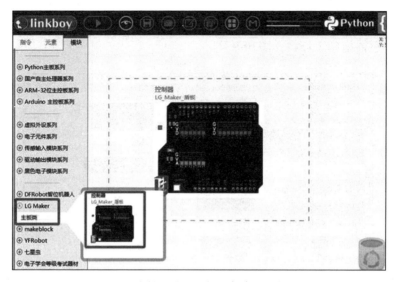

图10-7　控制器（拓展板已扣在UNO板上）

2. 选择超声波测距器

单击模块—传感输入模块系列—探测传感器类—超声波测距器（不精确），并将超声波测距器拖到工作台（图10-8）。

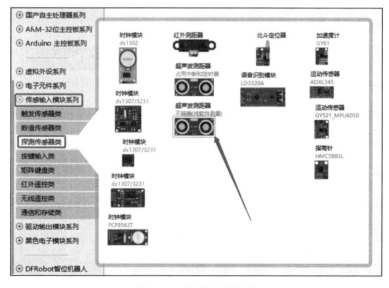

图10-8　超声波测距器

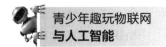

3. 选择四位数码管

单击模块—驱动输出模块系列—数码管类—四位数码管（2路74HC595），
将光照传感器拖到工作台（图10-9）。

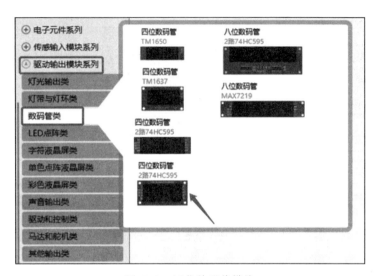

图10-9　四位数码管模块

4. 选择ESP8266模块

单击模块—传感输入模块系列—通信和存储类—ESP8266模块，并将
ESP8266模块拖到工作台。如图10-10所示。

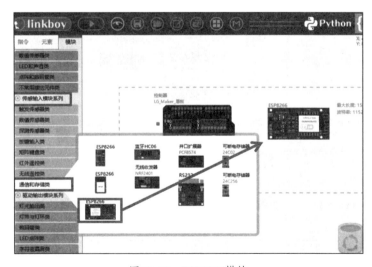

图10-10　ESP8266模块

5. 选择贝壳物联

单击模块—框架系列—物联网类—贝壳物联，并将贝壳物联拖到工作台。如图10-11所示。

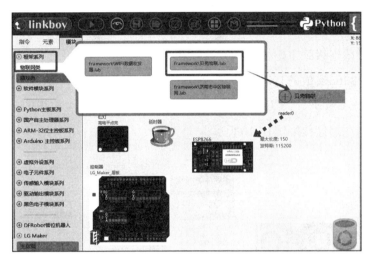

图10-11 贝壳物联

6. 选择延时器

单击模块—软件模块系列—定时延时类—延时器、定时器，并将延时器和定时器拖到工作台（图10-12）。

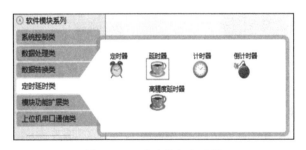

图10-12 延时器和定时器

7. 模拟连线

将超声波测距器的TRIG管脚连接到主控板的D12数字管脚，ECHO管脚连接到主控板的D11数字管脚，VCC、GND管脚分别用导线连接到主控板的VCC、GND管脚。

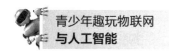
将超声波测距器1的TRIG管脚连接到主控板的D6数字管脚，ECHO管脚连接到主控板的D5数字管脚，VCC、GND管脚分别用导线连接到主控板的VCC、GND管脚。

将四位数码管模块的SCL管脚连接到主控板的D4数字管脚，RCL管脚连接到主控板的D3数字管脚，DIO管脚连接到主控板的D2数字管脚，VCC、GND管脚分别用导线连接到主控板的VCC、GND管脚。

将ESP8266模板的TX管脚连接到主控板的D0数字管脚，RX管脚连接到主控板的D1数字管脚，VCC、GND管脚分别用导线连接到主控板的VCC、GND管脚。模拟电路连接如图10-13所示。

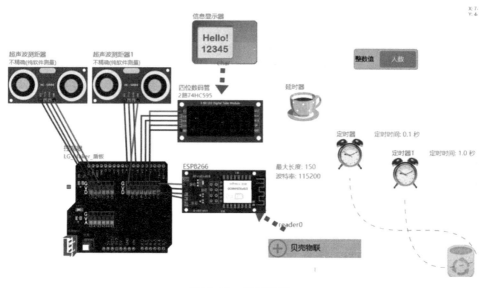

图10-13　模拟连线

（三）程序编写

单击定时器模块，将定时时间由1秒修改为0.1秒，添加"定时器时间到时"事件指令，信息显示器清空，信息显示器在第1行第1列向后显示数字人数，然后贝壳物联向数据接口"26850"上传数据人数（图10-14）。

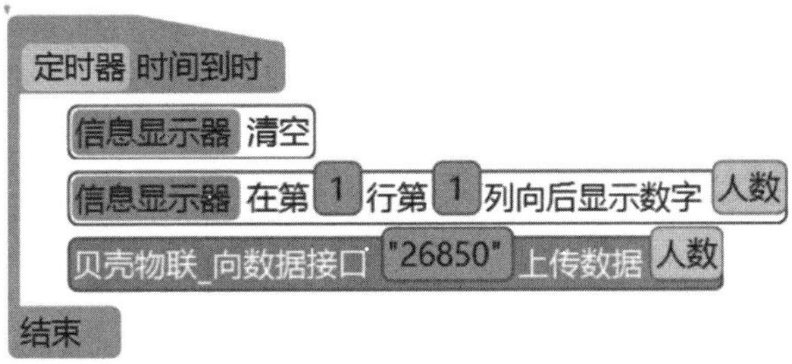

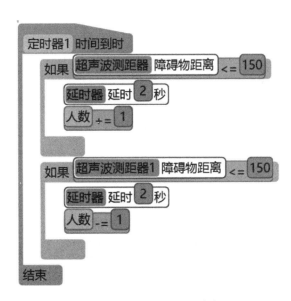

图10-14 定时器时间到时

单击定时器1模块，添加"定时器1时间到时"事件指令，首先将如果条件量找出来，然后设置"超声波测距器障碍物距离≤150"，如果条件满足，那么延时2秒，变量人数增加1。然后设置"超声波测距器1障碍物距离≤150"，如果条件满足，那么延时2秒，变量人数减少1（图10-15）。

图10-15 定时器1时间到时

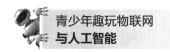

单击主控板选取控制器"初始化"指令,首先要编写联网信息,调出相关脚本后,先输入当前环境下的WiFi名称,再输入WiFi密码,然后将之前记下智能设备的ID和APIKEY输入,最后添加控制器"指示灯点亮"作为成功连上的特征。如图10-16所示。

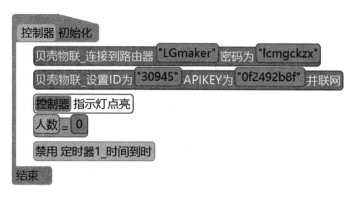

图10-16　初始化程序

单击贝壳物联,选择"接收到命令c时"指令,然后向里面添加条件判断语句"如果……",条件量选取运算中的"？Cstring==？Cstring"。如图10-17所示。单击左边的"？Cstring"选择全局自定义里的"c",单击右边的"？Cstring"在数字指令里用键盘输入"play"后单击确定。在如果指令里添加"禁用定时器1时间到时"与"人数+=1"指令。这样,变量增加的程序已写好,变量减少的程序重复点亮程序的步骤即可。只需改动一些指令,如图10-18所示。

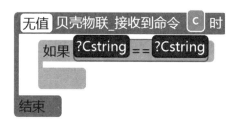

图10-17　条件判断语句

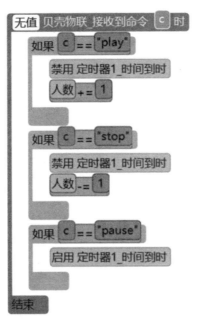

图10-18　人数增加与人数减少程序

程序与全部模块连接完成如图10-19所示。

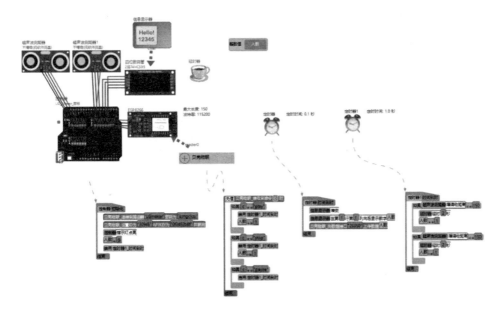

图10-19　模拟仿真图

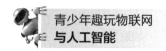

（四）硬件搭建

根据模拟连线图进行硬件线路连接，注意各个模块的信号管脚连接位置一定要和软件模拟连线图一致。

（五）安装

1. 支撑座安装

选择M3×8螺钉（较长）4颗、M3×15尼龙柱（较长）4个，将尼龙柱安装在底板的4个拐角，安装时注意字面朝上。如图10-20所示。

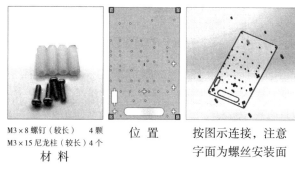

M3×8螺钉（较长）　4颗
M3×15尼龙柱（较长）4个
　　　材　料　　　　　　　位　置　　　　　按图示连接，注意
　　　　　　　　　　　　　　　　　　　　　字面为螺丝安装面

图 10-20　安装支撑座

2. 控板安装

选择M3×5螺钉（较短）8颗、M3×7尼龙柱（较短）4个，按如图10-21所示安装即可。

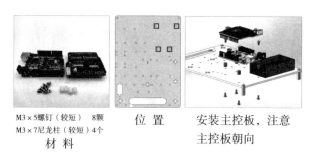

M3×5螺钉（较短）　8颗
M3×7尼龙柱（较短）4个
　　　材　料　　　　　　　位　置　　　　　安装主控板，注意
　　　　　　　　　　　　　　　　　　　　　主控板朝向

图10-21　主控板安装

3. 其余硬件安装

其余硬件选择合适的位置用M3×5螺钉（较短）、M3×7尼龙柱（较短）安装即可。如图10-22所示。

图10-22　硬件组装图

（六）程序下载

在Arduino串口下载器窗口，单击串口号窗口，选择相应的串口号，然后单击下载，出现下载成功即可，最后检测实物运行效果。需要注意的是，程序下载的时候需先断开ESP8266与扩展板的连接，否则会下载失败。

七、远程控制操作

探究步骤

程序下载完成以后，等待ESP8266模块自动连接到当前环境下的网络，连接成功后扩展板上的LED2指示灯将亮起。

点击贝壳物联里智能设备列表下的设备遥控，如图10-23所示。控制人数的增加与减少。

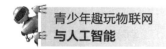

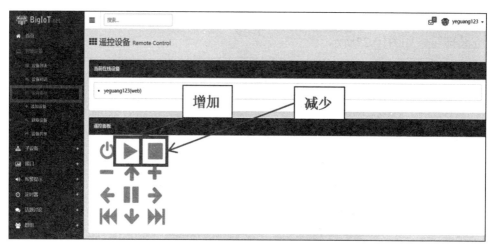

图10-23 小灯的点亮与熄灭

自此，项目已全部完成，实现变量人数的增加与减少，远程控制变量的变化。如图10-24、图10-25所示。

图10-24 教室人数统计器

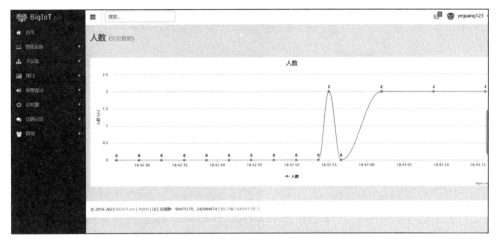

图10-25　人数接口列表

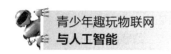

第十一章　停车位检测装置

一、项目背景

在一个拥挤的城市，停车位总是紧张。人们经常花费很长时间在寻找停车位上，不仅浪费时间，还增加了交通拥堵和空气污染的问题。这个问题也困扰着城市的交通管理部门。

为了解决这个问题，一群年轻的工程师和城市规划师们决定设计一款智能停车位检测装置，以帮助司机快速找到可用的停车位。经过长时间的研发和测试，他们终于成功地制作出了这款装置。

这款停车位检测装置利用了先进的传感技术和物联网技术，能够实时监测停车位的占用情况。当一个车辆停入或驶出停车位时，装置会立即更新停车位的状态，并将信息传输到一个中央数据库中。司机们可以通过手机APP或者路边的信息屏幕查看到停车位的实时情况，从而快速找到可用的停车位。

这款智能停车位检测装置的问世，极大地改善了城市停车难的问题。司机们不再需要在街头东张西望寻找停车位，节省了大量的时间和精力。同时，由于能够快速找到停车位，车辆在城市中的行驶时间也大大减少，有助于减轻交通压力和减少尾气排放，改善了城市的交通状况和环境质量。

这个故事告诉我们，科技创新可以为城市的发展和居民的生活带来巨大的改变。只要我们有创新的思维和勇于实践的精神，就一定能够创造出更多的奇迹。同时，我们也应该珍惜城市的资源，从小事做起，为城市的可持续发展作出自己的贡献。

二、项目介绍

随着城市化进程的加速，车辆数量不断增加，导致停车难问题日益突出。为解决这一问题，许多城市开始建设智能停车系统。在这个系统中，停车位检测装置是至关重要的一部分，它能够实时监测停车位的使用情况，提供实时的停车位信息，为车主提供更加便捷的停车体验。停车位检测装置是一种基于传感器的设备，用于检测停车位是否被占用。其工作原理主要是通过发送信号并接收反射回来的信号，以此来判断车位的状态。常见的停车位检测装置配备有超声波传感器，通过超声波的反射来测量车位的状态。

一些先进的停车位检测装置还利用深度学习技术进行车位检测。这些装置在停车场管理系统中得到广泛应用，通过检测停车位的状态并将信息上传到管理系统，帮助司机迅速找到可用停车位，实现轻松停车。根据检测方式的不同，停车位检测装置主要可以分为超声波车位检测器和视频车位检测器两种类型。超声波车位检测器通过超声波测量反射面到探测器的距离来检测车位状态，如图11-1所示。而视频车位检测器则通过摄像头和图像处理技术来判断车位的状态，如图11-2所示。

图11-1　超声波车位检测器

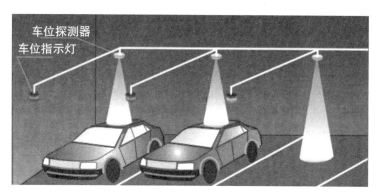

图11-2 视频车位检测器

不论是使用哪种停车位检测装置都是为了提高停车场的管理效率，节省时间，并帮助车主更快地找到可用车位。同时，实时监控车位的使用情况还能帮助停车场管理者更好地掌握车位的使用状况，从而制定合理的车位分配策略，提高停车场的使用效率。因此，本项目旨在开发一款基于Linkboy的停车位检测装置，实现实时监测停车位的使用情况，并提供实时的停车位信息，从而解决停车难问题。该停车位检测装置具有以下特点。

（1）实时监测：能够实时监测停车位的使用情况，包括停车位是否被占用、空闲状态等信息。

（2）数据准确性：通过Linkboy技术，可以提供高精度的停车位信息，确保数据的准确性和可靠性。

（3）节约时间和成本：车主可以通过实时停车位信息快速找到空闲的停车位，节约了寻找停车位的时间和成本。

（4）用户友好：提供便捷的停车位信息查询服务，让车主能够轻松地找到可用的停车位。

（5）可扩展性：具有良好的可扩展性，可以与其他智能停车系统进行集成，提供更多的停车管理功能。

停车位检测装置的应用：

（1）智能停车管理系统：停车位检测装置可以与智能停车管理系统集成，实现实时监测停车位的占用情况，提供停车位的实时信息，方便车主找到可用停车位。

（2）城市停车导航：停车位检测装置可以与城市停车导航系统结合，提供实时的停车位信息，帮助驾驶员快速找到可用的停车位，减少寻找停车位的时间和燃油消耗。

（3）停车场管理：停车位检测装置可以帮助停车场管理者实时监控停车位的占用情况，提高停车场的利用率，减少车辆拥堵和排队等待的情况。

（4）智能交通管理：停车位检测装置可以与智能交通管理系统集成，实现停车位的智能管理和优化，提高城市交通的效率和便利性。

（5）停车位预订系统：停车位检测装置可以与停车位预订系统结合，提供实时的停车位信息和预订功能，方便车主提前预订停车位，避免停车位紧张和无法找到停车位的情况。

三、学习任务

（1）扩展ESP8266模块的使用方法。

（2）复习超声波传感器的工作原理。

（3）复习超声波传感器的使用方法。

（4）使用超声波传感器和ESP8266模块完成停车位检测装置的设计。

四、使用器材

Arduino主控板1块、LG拓展板1块、USB数据线1根、电池1节、ESP8266模块1组、LED灯模块1组、超声波传感器1个、杜邦线若干。

五、知识准备

（一）停车位检测技术

停车位检测技术有很多种，今天我们只学其中的一种，但其他的我们也要了解一下。以下是一些常见的停车位检测技术。

（1）地磁感应技术：这是一种常见的停车位检测技术，通过在停车位下方埋设地磁传感器来检测车辆的停放状态。当车辆停在停车位上时，地磁传感器会检测到地磁场的变化，从而判断停车位是否被占用。

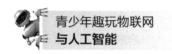

（2）摄像头识别技术：利用摄像头对停车位进行实时监测，通过图像识别和计算机视觉技术来判断停车位的占用情况。这种技术可以实现对多个停车位的同时监测，但对于光照、遮挡等因素有一定的要求。

（3）激光雷达技术：激光雷达可以扫描停车位，并根据反射光线的信息来判断停车位的占用情况。激光雷达技术可以实现高精度的停车位检测，但成本较高。

（4）超声波检测技术：通过超声波传感器来监测停车位的状态，当车辆停在停车位上时，超声波传感器可以检测到车辆的存在。这种技术成本较低，但对传感器的布置和环境的影响比较敏感。

这些技术可以单独应用，也可以结合使用，以实现更准确、可靠的停车位检测。不同的停车场场景可能适合不同的技术，因此在选择停车位检测技术时需要根据具体情况进行考虑。

（二）物联网技术

停车位检测装置通常会使用物联网技术，将停车位状态信息传输到中央数据库或者用户手机APP。所以我们要了解物联网技术的基本原理及其在智能停车系统中的应用。

（三）智能城市和交通管理技术

智能城市和交通管理是物联网技术在城市规划和管理中的重要应用领域。通过智能城市和交通管理，可以实现城市交通系统的智能化、高效化和可持续发展，提升居民生活质量，减少交通拥堵和环境污染。以下是智能城市和交通管理中物联网技术的一些应用。

（1）智能交通信号灯控制：通过物联网技术，交通信号灯可以实现智能化的控制，根据交通流量实时调整信号灯的时间，优化交通流动，减少交通拥堵。在后面的课程会有相应的介绍。

（2）智能停车管理：利用物联网技术，可以实现停车场的实时监测和管理，包括车位的实时占用情况、导航至空闲停车位、无人支付等功能，减少寻找停车位所花费的时间，减少交通拥堵。

（3）公共交通智能调度：通过物联网技术，可以实现对公共交通车辆的实时监控和调度，包括公交车、地铁、有轨电车等，提高公共交通的运行效率和服务质量。

（4）智能交通管理中心：利用物联网技术，建立智能交通管理中心，实现对城市交通系统的整体监控、数据分析和智能决策，提高交通管理的精准性和效率。

（5）交通安全监测：通过物联网技术，可以实现对交通违章行为和事故的实时监测与预警，提高城市交通的安全性和稳定性。

（四）项目模块

本次项目用到ESP8266模块、超声波传感器模块，模块的具体介绍前面的章节都有详述，本章就不再赘述。

（五）添加数据接口

打开贝壳物联在左侧找到"接口"，选择"添加接口"，我们先建立一个超声波数据接口，填写相关接口信息，注意所属设备要选择我们建立的"智能控制"，接口类型为"模拟量接口"，设置单位和名称，单击确定即可。填写相关信息，得到数据接口ID。

六、制作流程

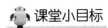 **课堂小目标**

（1）使用超声波传感器感应停车位中是否有车停放，根据手机端显示的超声波传感器探测到的距离判断车位上有没有车。

（2）完成停车位检测装置的实物制作。

 开始编程

（一）硬件模拟搭建

1. 选择主控板

单击模块—LG Maker—主板类—控制器，并将控制器拖到界面中央的工作台。如图11-3所示。

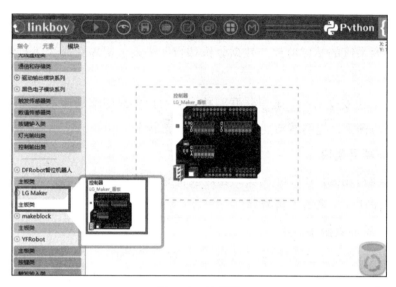

图11-3　控制器

2. 选择ESP8266模块

单击模块—传感输入模块系列—通信和存储类—ESP8266模块，并将
ESP8266模块拖到工作台。如图11-4所示。

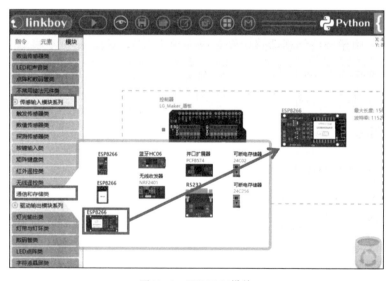

图11-4　ESP8266模块

3. 选择贝壳物联

单击模块—框架系列—物联网类—贝壳物联，并将贝壳物联拖到工作台。

4. 选择延时器

单击模块—软件模块系列—定时延时类—延时器，并将延时器拖到工作台。

5. 选择定时器

单击模块—软件模块系列—定时延时类—定时器，并将定时器拖到工作台。

6. 选择超声波测距器

单击模块—传感输入模块系列—探测传感器类—超声波测距器（不精确），并将超声波测距器拖到工作台。

7. 所有模块拖出到工作台

所有模块拖出到工作台，如图11-5所示。

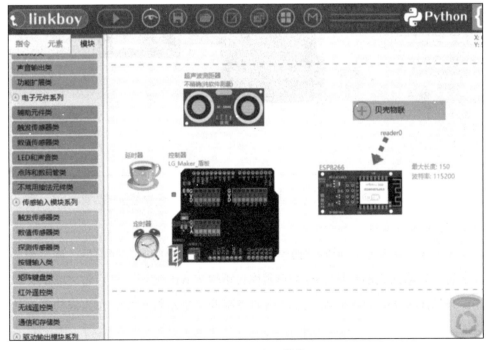

图11-5 项目所用模块

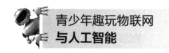

8.模拟连线

ESP8266模块的RX引脚必须连接在扩展板的D0号数字引脚，TX引脚必须连接在主控板的D1号数字引脚，剩下VCC引脚与GND引脚依次接入扩展板D1的V、G管脚即可。将超声波测距器的TRIG管脚连接到主控板的D7数字管脚，ECHO管脚连接到主控板的D6数字管脚，VCC、GND管脚分别用导线连接到主控板的VCC、GND管脚。如图11-6所示。注意模拟连线要与实物连线相对应。

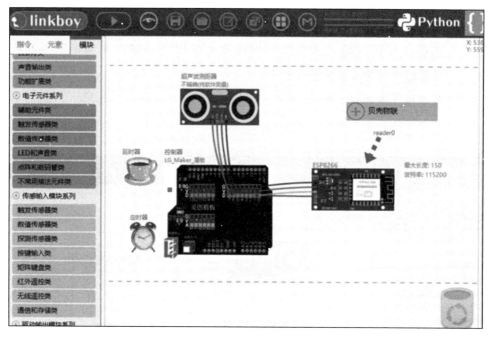

图11-6 模拟连线

（二）程序编写

单击主控板选取控制器"初始化"指令，首先要编写联网信息，调出相关脚本后，先输入当前环境下的WiFi名称，再输入WiFi密码，然后将之前记下智能设备的ID和APIKEY输入，最后添加控制器"指示灯点亮"作为成功连上的特征。

单击贝壳物联，选择"接收到命令c时"指令，然后向里面添加条件判断语句"如果……"，条件量选取运算中的"？Cstring==？Cstring"。单击左边的

"？Cstring"选择全局自定义里的"c"，单击右边的"？Cstring"在数字指令里用键盘输入"play"后单击确定。在如果指令里添加"延时器延时10毫秒"与"启用定时器_时间到时"指令。下面添加"禁用定时器_时间到时"的步骤可重复操作。这样，贝壳物联接收命令程序已写好。如图11-7所示。

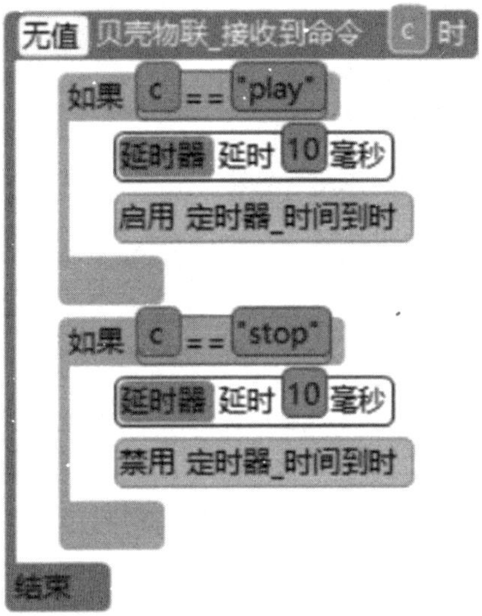

图11-7　贝壳物联接收命令编程

最后添加定时器模块程序，编写定时器清零与贝壳物联向数据接口上传数据，如图11-8所示。

图11-8　定时器程序

程序编写与全部模块连接完成如图11-9所示。

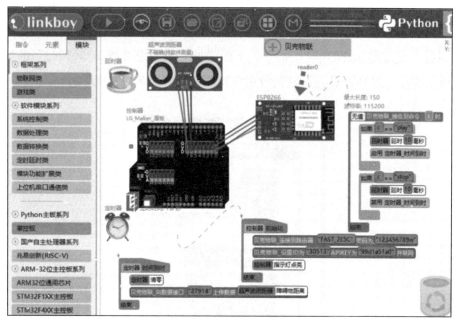

图11-9　完整模拟图

（三）硬件搭建

根据模拟连线图进行硬件线路连接，注意各个模块的信号管脚连接位置一定要和软件模拟连线图一致。

（四）安装

1.支撑座安装

选择M3×8螺钉（较长）4颗、M3×15尼龙柱（较长）4个，按照如图11-10所示，将尼龙柱安装在底板的4个拐角，安装时注意字面朝上。

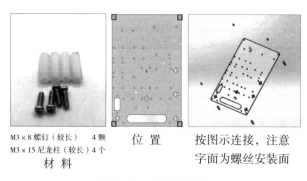

M3×8螺钉（较长）　4颗
M3×15尼龙柱（较长）4个
材　料

位　置

按图示连接，注意
字面为螺丝安装面

图11-10　安装支撑座

2. 主控板安装

选择M3×5螺钉（较短）8颗、M3×7尼龙柱（较短）4个，按如图11-11所示安装即可。

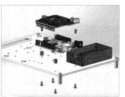

M3×5螺钉（较短） 8颗
M3×7尼龙柱（较短）4个
材 料

位 置

安装主控板，注意
主控板朝向

图11-11 主控板安装

3. 其余硬件安装

其余硬件选择合适的位置用M3×5螺钉（较短）、M3×7尼龙柱（较短）安装即可。如图11-12所示。

图11-12 硬件组装图

（五）程序下载

在Arduino串口下载器窗口，单击串口号窗口，选择相应的串口号，然后单击下载，出现下载成功即可，最后检测实物运行效果。需要注意的是，程序下载的时候需先断开ESP8266与扩展板的连接，否则会下载失败。

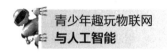

七、实物远程观测

探究步骤

当我们想停车时，可以提前打开手机端贝壳物联，再打开接口列表，查看超声波检测到的数据。判断车位上是否有车，当超声波数值大于100时，车位上就没有车，可以准备过去停放；当超声波数值小于100时，就说明有车，需要换个停车位停放。如图11-13所示。

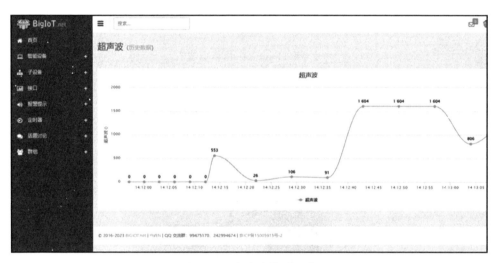

图11-13　超声波检测距离

第十二章 校园气象站

一、项目背景

为了让学生们及时了解校园的气象情况以及学习气象相关的知识，学校新建了一个校园气象站，小明和小红对此展开了讨论，以下是他们的对话内容。

小明：哇，你知道吗？我们学校新建了一个校园气象站！

小红：真的吗？那是什么东西？有什么用？

小明：据说它可以监测和记录校园内的气象情况，如温度、湿度、风速等。这样我们就可以及时了解校园的气象情况了。

小红：听起来好有趣啊，我也想去看看那个校园气象站！

小明：那我们一起去吧，说不定还能了解更多关于气象的知识呢。

小红：好啊，我们走吧！

他们一起来到了校园气象站，看到了一个现代化的设备。小明向小红解释道："这个设备可以实时监测温度、湿度和风速等气象数据，并将它们记录下来。"

小红好奇地问道："那这些数据有什么用呢？"

小明笑着回答："首先，我们可以利用这些数据来预测天气变化，提前做好防雨准备，避免被淋湿。其次，老师们可以利用这些数据来进行气象科学的教学，让我们更好地了解气象知识。"

小红听得津津有味，她觉得这个校园气象站真是太神奇了。他们继续参观，小明向小红介绍了气象站的其他功能。

"除了监测气象数据，这个气象站还可以测量气压和降雨量。通过这些数据，我们可以更全面地了解天气的变化。"小明解释道。

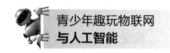
小红感叹道："原来气象学这么有趣啊！我以后也要多关注天气预报了。"

小明笑着说："是啊，了解气象知识对我们生活和学习都有很大的帮助。我们可以通过观察气象变化来合理安排活动，如在晴天去户外运动，在阴天多读书等。"

小红点点头，她决定从今天开始更加关注天气预报和气象知识。他们继续在校园气象站里探索，学到了很多有趣的知识。这次经历让他们对气象学产生了浓厚的兴趣，也让他们更加珍惜学校的资源和机会。

二、项目介绍

校园气象站是一个用于监测和记录校园内气象情况的设施。它通常包括气象传感器、数据采集设备和数据显示设备。校园气象站可以监测温度、湿度、风速、风向、降水量等气象要素，并将数据实时传输到数据中心或显示屏上供师生查看。

校园气象站的作用包括提供准确的气象数据，帮助学生和教师了解校园内的气象情况，为课堂教学和科研提供实时的气象数据支持，以及帮助学校管理者做好校园安全和环境管理工作。同时，校园气象站也可以激发学生对气象学科的兴趣，促进他们的科学探索和实践能力的培养（图12-1）。

图12-1　校园气象站图片1

  校园气象站的建设和管理需要学校相关部门和教师的支持及参与，同时也需要定期的维护和更新设备，以保证气象数据的准确性和可靠性。通过校园气象站的建设和运行，可以为学校教学科研和校园管理提供更加科学的数据支持，促进学校的可持续发展和提高师生的气象科学素养。

  校园气象站的建设包括项目内容、项目预期成果，项目内容包括选址和规划，确定气象站的最佳位置，进行规划设计，确保设施布局合理、便于维护和管理；购买气象传感器、数据采集设备、数据显示设备等必要设备，确保设备的准确性和可靠性；进行气象站塔楼或者设备安装，确保设施的安全和稳定；建立数据传输系统，确保气象数据能够实时传输到数据中心或显示屏上供师生查看；对相关教师和学生进行气象站设备的使用培训，推广气象站的应用和意义。

  提供准确的气象数据，帮助师生了解校园内的气象情况。为课堂教学和科研提供实时的气象数据支持。促进学生对气象学科的兴趣，促进科学探索和实践能力的培养。为学校管理者做好校园安全和环境管理工作提供科学数据支持（图12-2）。

图12-2　校园气象站图片2

  气象学是研究大气现象和气候的科学，它涉及大气的物理、化学和动力学等方面的知识。我们要了解气象学的一些基础知识，气象要素包括温度、湿度、气压、风、降水等，这些要素是描述大气状态和气象现象的基本参数。大气环流是指大气中的气流在地球表面和大气中的运动方式，它决定了气候和天气的形成。气象现象如气旋、台风、雷暴、雾霾等，这些现象是大气中的特定气象事件。气象学通过对气象要素与气象现象的观测和分析，可以进行天气预报和气候预测，预报技术是气象学的重要组成部分。气象数据的采集和分析，需要通过气象站、卫星、雷达等设备对大气进行观测和数据采集，并对数据进行分析和处理。这些是气象学的一些基础知识，了解这些知识可以帮助人们更好地理解气象学的基本概念和原理，对于建设校园气象站也有一定的指导意义（图12-3）。

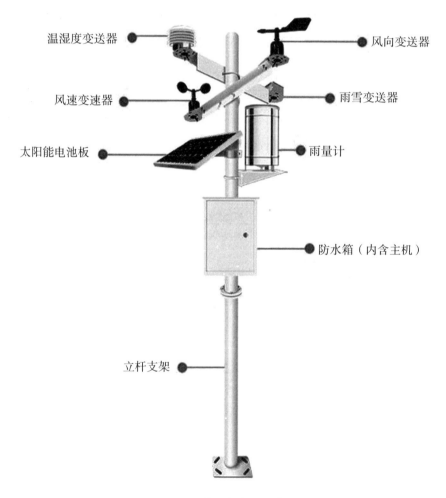

图12-3 校园气象站图片3

气象站设备是用于测量和记录气象要素的设备，主要包括以下设备。气温测量设备：通常是温度计或温度传感器，用于测量空气温度。湿度测量设备：包括湿度计或湿度传感器，用于测量空气中的湿度。气压测量设备：通常是气压计或气压传感器，用于测量大气压强。风速和风向测量设备：包括风速计和风向标，用于测量风的速度和方向。降水测量设备：包括雨量计和雨量传感器，用于测量降水量。辐射测量设备：用于测量太阳辐射和地面辐射，包括辐射计和辐射传感器。数据采集设备：用于采集各种气象要素的数据，并将数据传输到数据处理系统，其中，数据处理系统包括数据存储设备、数据处理软件和数据传输设备，用于存储、处理和传输气象数据。建设校园气象站需要根据实际需求选择合适的设备，并进行合理的布局和安装，以确保气象数据的准确性和可靠性。

三、学习任务

（1）学习I2COLED显示屏模块的工作原理。

（2）学习DHT11温湿度传感器的工作原理。

（3）使用温湿度传感器和显示屏模块与ESP8266模块制作校园气象站。

四、使用器材

Arduino主控板1块、LG拓展板1块、USB数据线1根、电池1节、ESP8266模块1组、LED灯模块1组、DHT11温湿度传感器1个、I2COLED显示屏模块1个、杜邦线若干。

五、知识准备

DHT11温湿度传感器是一款含有已校准数字信号输出的温湿度复合传感器。它应用专用的数字模块采集技术和温湿度传感技术，确保产品具有极高的可靠性与卓越的长期稳定性。传感器包括一个电阻式感湿元件和一个NTC测温元件，并与一个高性能8位单片机连接。湿度测量范围：20%～90%RH，精度±5%RH，温度测量范围：0～50℃，精度±2℃。使用此模块一般1s读取一次温湿度。注意：正负极不能接反，接反会导致传感器损坏。如图12-4所示。

图12-4　DHT11温湿度传感器

温湿度传感器模块有三个引脚，"+"接的是正极，"-"接的是负极，OUT输出口接数字信号端口。

频率的定义：物质在单位时间内完成周期性变化的次数叫做频率，常用f表示；为了纪念德国物理学家赫兹的贡献，人们把频率的单位命名为赫兹，简称"赫"，符号为Hz，也常用千赫（kHz）、兆赫（MHz）、吉赫（GHz）做单位；1Hz=1/s，即在单位时间内完成振动的次数，单位为赫兹（1赫兹=1次/秒）。

1kHz=1000Hz，1MHz=1000kHz，1GHz=1000MHz。

六、制作流程

课堂小目标

（1）学会I2COLED显示屏模块的使用方法。

（2）学会DHT11温湿度传感器的使用方法。

（3）使用温湿度传感器和显示屏模块与ESP8266模块制作校园气象站。

开始编程

（一）硬件模拟搭建

1.选择主控板

单击模块—LG Maker—主板类—控制器，并将控制器拖到界面中央的工作台（图12-5）。

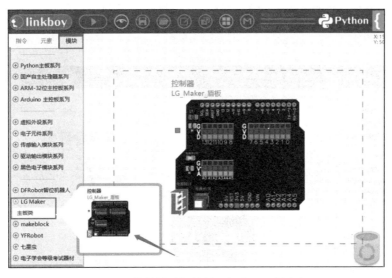

图12-5　控制器（拓展板已扣在UNO板上）

2. 选择ESP8266模块

单击模块—传感输入模块系列—通信和存储类—ESP8266模块，并将
ESP8266模块拖到工作台。如图12-6所示。

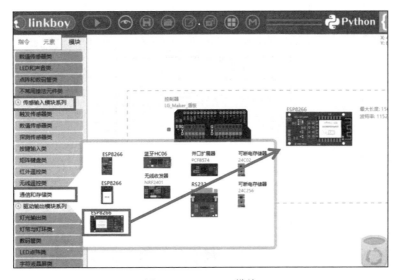

图12-6　ESP8266模块

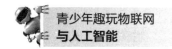

3. 选择贝壳物联

单击模块—框架系列—物联网类—贝壳物联，并将贝壳物联拖到工作台。如图12-7所示。

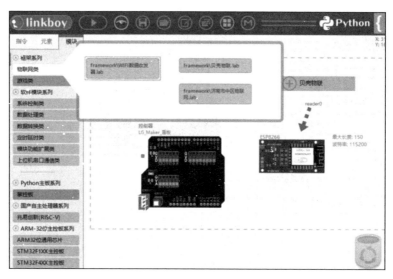

图12-7 贝壳物联

4. 选择红灯模块

单击模块—黑色电子模块系列—灯光输出类—红灯。并将面包板和扬声器拖到工作台（图12-8）。

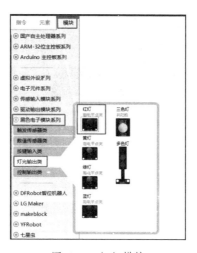

图12-8 红灯模块

5. 选择温湿度传感器

单击模块—传感输入模块系列—数值传感器类—温湿度传感器，将温湿度传感器拖到工作台（图12-9）。

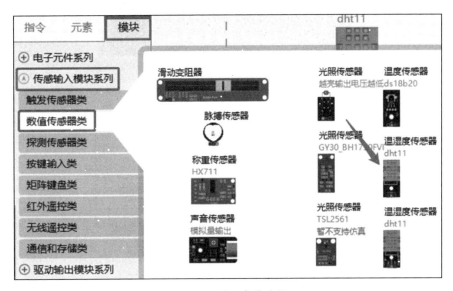

图12-9 温湿度传感器

6. LCD1602液晶屏

液晶屏液晶，即液态晶体，具有特殊的理化与光电特性，在20世纪中叶被广泛应用在显示技术上，LCD是Liquid Crystal Display的简称，LCD能够显示图像字符，但是不具备发光功能，如果想看清楚，就需要利用外部光源辅助照明。

1602字符型液晶屏也称为1602液晶屏，一般按照其分辨率命名，比如1602就是分辨率为16×2，字符型液晶屏能够同时显示16×2即32个字符。它是一种专门用来显示字、数字、符号等的点阵型液晶模块。

它是由若干个5×7或者5×11等点阵字符位组成，各个点阵字符位都可以显示一个字符，每位之间有一个点距的间隔，每行之间也有间隔，起到了字符间距和行间距的作用（图12-10）。

LCD1602

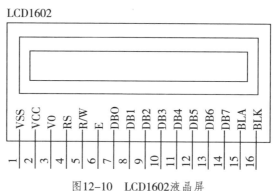

图12-10 LCD1602液晶屏

7. 选择信息显示器

单击模块—软件模块系列—模块功能扩展类—信息显示器，并将信息显示器拖到工作台（图12-11）。

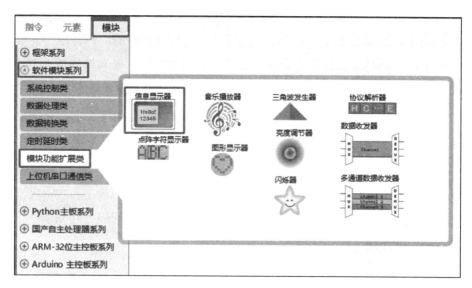

图12-11 信息显示器

8. 模拟连线

将温湿度传感器的OUT管脚连接到主控板的D12数字管脚，VCC、GND管脚分别用导线连接到主控板的VCC、GND管脚。

将红灯模块的IN管脚连接到主控板的D3数字管脚，VCC、GND管脚分别用导线连接到主控板的VCC、GND管脚。

将LCD1602液晶屏的SCL管脚连接到主控板的A0数字管脚，SDA管脚连接到主控板的A1数字管脚，VCC、GND管脚分别用导线连接到主控板的VCC、GND管脚。

将ESP8266模块的TX管脚连接到主控板的D0数字管脚，RX管脚连接到主控板的D1数字管脚，VCC、GND管脚分别用导线连接到主控板的VCC、GND管脚。模拟电路连接如图12-12所示。

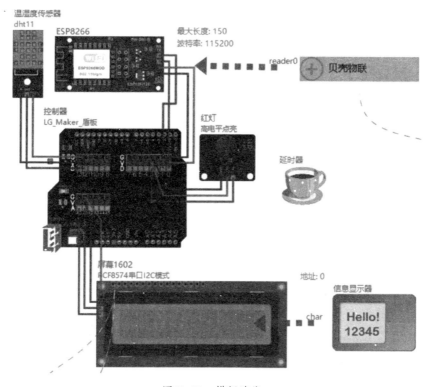

图12-12　模拟连线

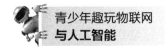

（二）程序编写

单击定时器模块，将定时时间由1秒修改为0.1秒，添加"定时器时间到时"事件指令，首先将如果条件量找出来，然后设置"温湿度传感器温度≤0或者温湿度传感器温度≥20"，如果条件满足，那么红灯点亮、延时0.5秒，否则红灯熄灭，延时0.1秒（图12-13）。

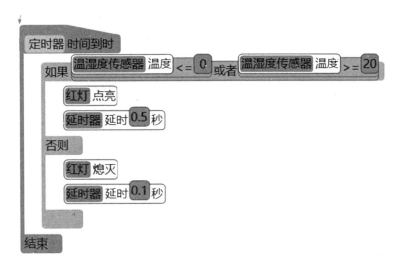

图12-13　温度报警程序

单击主控板选取控制器"初始化"指令，首先要编写联网信息，调出相关脚本后，先输入当前环境下的WiFi名称，再输入WiFi密码，然后将之前记下智能设备的ID和APIKEY输入，最后添加控制器"指示灯点亮"作为成功连上的特征。如图12-14所示。

图12-14　初始化程序

单击贝壳物联，选择"接收到命令c时"指令，然后向里面添加条件判断语句"如果……"，条件量选取运算中的"？Cstring==？Cstring"。如图12-15所示。单击左边的"？Cstring"选择全局自定义里的"c"，单击右边的"？Cstring"在数字指令里用键盘输入"play"后单击确定。在如果c=="play"指令里添加"启用定时器时间到时"指令，启动温度报警程序。如此，在如果c=="stop"指令里添加"禁用定时器时间到时"指令，关闭温度报警程序，如图12-16所示。

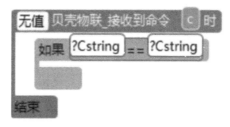

图12-15　条件判断语句

图12-16　点亮与熄灭程序

单击反复执行模块，添加贝壳物联向数据接口"27872"上传数据温湿度传感器温度。贝壳物联向数据接口"29809"上传数据温湿度传感器湿度。信息显示器清空。信息显示器在第1行第1列显示信息"wendu"，在第2行第1列显示信息"shidu"，在第1行第10列向前显示数字温湿度传感器温度，在第2行第10

列向前显示数字温湿度传感器湿度。延时器延时1秒（图12-17）。

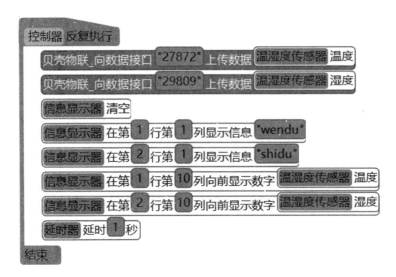

图12-17　反复执行程序文件

（三）硬件搭建

根据模拟连线图进行硬件线路连接，注意各个模块的信号管脚连接位置一定要和软件模拟连线图一致（图12-18）。

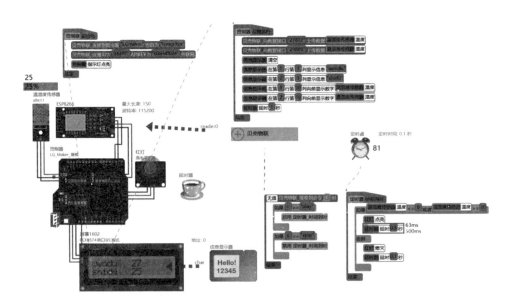

图12-18　模拟仿真图

（四）安装

1. 支撑座安装

选择M3×8螺钉（较长）4颗、M3×15尼龙柱（较长）4个，将尼龙柱安装在底板的4个拐角，安装时注意字面朝上。如图12-19所示。

M3×8螺钉（较长）　4颗　　　　位　置　　　　　按图示连接，注意
M3×15尼龙柱（较长）4个　　　　　　　　　　　字面为螺丝安装面
材　料

图12-19　安装支撑座

2. 主控板安装

选择M3×5螺钉（较短）8颗、M3×7尼龙柱（较短）4个，按照如图12-20所示安装即可。

 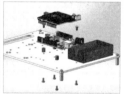

M3×5螺钉（较短）　8颗　　　　位　置　　　　安装主控板，注意
M3×7尼龙柱（较短）4个　　　　　　　　　　　主控板朝向
材　料

图12-20　主控板安装

3. 其余硬件安装

其余硬件选择合适的位置用M3×5螺钉（较短）、M3×7尼龙柱（较短）安装即可。如图12-21所示。

图12-21　硬件组装图

（五）程序下载

在Arduino串口下载器窗口，单击串口号窗口，选择相应的串口号，然后单击下载，出现下载成功即可，最后检测实物运行效果。需要注意的是，程序下载的时候需先断开ESP8266与扩展板的连接，否则会下载失败。

七、实物运行操作

探究步骤

打开遥控设备——贝壳物联添加数据接口，从左侧找到"接口"，选择"添加接口"，在接口名称里填入"湿度""温度"，填写相关接口信息，注意所属设备要选择我们刚刚建立的"智能控制"，接口类型为"模拟量接口"，设置单位和名称，单击确定即可。建立成功后如图12-22所示。程序下载完成以后，等待ESP8266模块自动连接到当前环境下的网络，连接成功后扩展板上的LED2指示灯将亮起。

ID	名称	APIKEY	是否开放	在线状态	在线时间	编辑	控制模式
31277	校园气象站	d3944f024	公开	在线	6时	✏	

数据接口 ?

ID	名称	所属设备id	接口类型	更新时间	编辑	数据查看
27872	温度	31277	模拟量	2024-11-23 16:45:35	✏	
29809	湿度	31277	模拟量	2024-11-23 16:45:18	✏	

图12-22 接口列表

接口创建和程序下载都完成以后，即可控制温度报警功能的启动与关闭。点击贝壳物联里智能设备列表下的设备遥控，如图12-23所示。

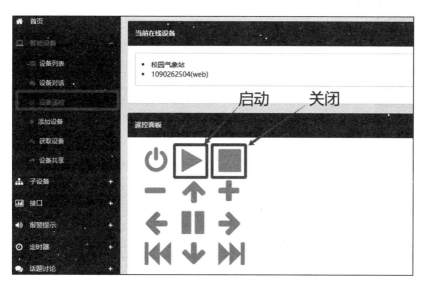

图12-23 温度报警功能启动与关闭

自此，项目已全部完成，可用于实现温度报警功能的启动与关闭，远程查看温度与湿度的数值及变化。如图12-24所示、图12-25、图12-26所示。

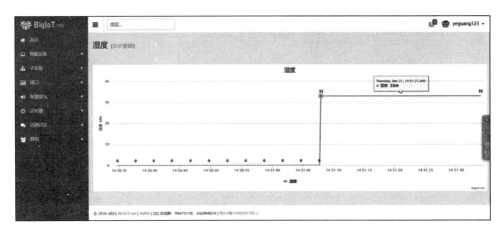

图12-24　湿度接口列表

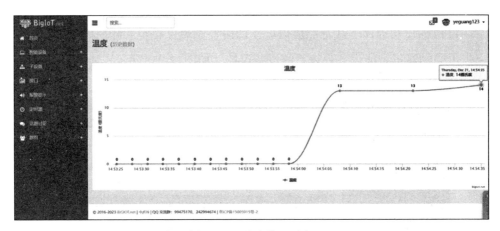

图12-25　温度接口列表

图12-26　硬件组装图

第十三章　远程火灾报警系统

一、项目背景

在一个拥挤繁忙的城市中，有一座高层写字楼，每天都有成千上万的人在这里工作。然而，由于大楼的规模庞大，安全管理面临着巨大的挑战。曾经发生过一次火灾事故，虽然幸好及时疏散，没有造成人员伤亡，但这次事件给大楼的管理者们敲响了警钟，让他们深刻意识到火灾预警的重要性。

经过调查和分析，他们发现火灾报警系统的覆盖范围不够广，而且在夜间和周末，当大楼人员较少时，监控和报警系统的有效性大打折扣。为了提高大楼的安全性和应急响应能力，管理者们决定引入远程火灾报警系统。这个系统可以通过智能传感器监测大楼的每个角落，一旦发现烟雾或火焰，就会立即自动触发报警并发送警报信息到相关人员的手机或电脑上，无论他们身处何处。

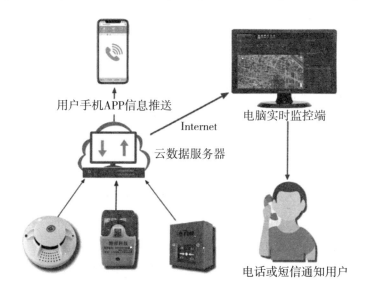

用户手机APP信息推送

Internet

电脑实时监控端

云数据服务器

电话或短信通知用户

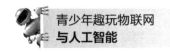
这一举措不仅提高了大楼的安全防范能力，也为大楼内的工作人员和访客提供了更加安全的工作和生活环境。同时，这也是大楼管理者们对于安全和人员生命财产安全的高度重视和责任担当的体现。随着远程火灾报警系统的成功应用，大楼的安全管理水平得到了显著提升，成了城市中安全可靠的标杆建筑，也为其他类似建筑树立了良好的示范。

二、项目介绍

在过去的几年里，我们的城市经历了一系列严重的火灾事件，造成了巨大的财产损失和人员伤亡。这些火灾往往发生在人口密集的商业区和住宅区，由于缺乏及时的火灾报警系统，火灾往往得不到及时的发现和控制，导致了严重的后果。

为了解决这一问题，我们决定开展远程火灾报警系统项目。该项目旨在利用先进的技术手段，建立起一套能够实时监测火灾情况并及时报警的系统，以便在火灾发生时能够迅速采取措施，减少火灾造成的损失。

远程火灾报警系统是一种用于监测和报警火灾的安全系统。它通过使用智能传感器和网络通信技术，可以实时监测建筑物内部的环境变化，一旦检测到烟雾、火焰或其他火灾迹象，系统会自动触发报警并向相关人员发送警报信息，无论他们身处何处。

远程火灾报警系统的工作原理和技术特点如下：

（1）传感器类型：烟雾传感器用于检测空气中的烟雾颗粒，一旦检测到烟雾浓度超过设定阈值，系统将发出警报。火焰传感器可用于检测可见光、红外线或紫外线等火焰特征，一旦检测到火焰，系统将触发警报。

（2）数据采集和处理方式：传感器将采集到的数据转换成数字信号，传输给控制器。控制器对接收到的数据进行处理和分析，根据预设的算法判断是否触发报警。

（3）通信协议：无线通信如WiFi、蓝牙、Zigbee等，用于传输数据到远程监控中心或相关人员的手机或电脑上。有线通信如以太网、RS-485等，用于连接传感器和控制器，以及控制器与报警设备之间的数据传输。

（4）远程监控中心：系统可以连接到远程监控中心，该中心可以实时监测所有接入系统的状态并进行相关处理。

（5）报警方式：一旦系统检测到火灾迹象，可以通过声光报警器、手机短信、电话呼叫等方式向相关人员发送警报信息。

远程火灾报警系统通过传感器检测烟雾和火焰，将数据传输到控制器进行处理，再通过无线或有线通信协议将报警信息传输到远程监控中心或相关人员，从而实现对火灾的实时监测和远程报警（图13-1）。

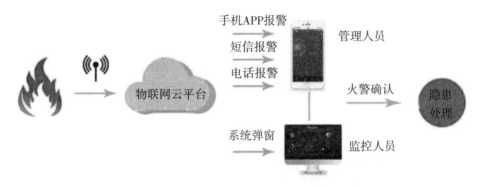

图13-1　实时监测和远程报警系统

（6）应用范围：远程火灾报警系统适用于各种建筑物和场所，以确保火灾安全和及时的火灾应急响应。其应用范围包括但不限于：商业和办公场所、工业厂房、住宅区和公共设施、特殊场所、高温高压场所、特殊环境。

通过这个项目，我们希望能够提高城市的火灾防控能力，减少火灾造成的损失，保障人民生命财产安全。同时，我们也希望通过这个项目的实施，推动和促进相关技术的发展与应用，为城市的安全建设作出贡献。

三、学习任务

（1）学习贝壳物联报警提示功能的使用方法。

（2）学习火焰传感器的工作原理。

（3）学习烟雾传感器的使用方法。

（4）使用火焰传感器和烟雾传感器与ESP8266模块制作远程火灾报警系统。

四、使用器材

Arduino主控板1块、LG拓展板1块、USB数据线1根、电池1节、ESP8266模块1组、LED灯模块1组、火焰传感器1个、烟雾传感器1个、蜂鸣器1个、杜邦线若干。

五、知识准备

（一）贝壳物联

添加报警接口（图13-2）打开贝壳物联，先在接口里添加火焰报警数据接口，再在报警提示列表里添加接口报警，设计报警名称为火焰报警，勾选是否启用，数据来源为火焰报警，报警条件设置为 $x > 5$（具体情况具体设置）。

图13-2 添加报警接口

（二）火焰报警器

火焰报警器：专门用来搜寻火源的传感器，也可以用来检测光线的亮度，只是本传感器对火焰特别灵敏。

模块特性：火焰报警器主要是利用红外线对火焰非常敏感的特点，使用特制的红外线接收管来检测火焰，然后把火焰的亮度转化为高低变化的电信号，输入中央处理器进行处理，然后中央处理器根据信号的变化作出相应的程序处理（图13-3、图13-4）。

图13-3　火焰报警器

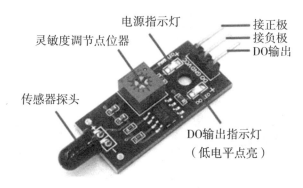

图13-4　火焰报警器引脚示意图

引脚说明：火焰报警器模块有三引脚板和四引脚板，三引脚板的火焰报警器中VCC接电源正极接口，可外接3.3～5V供电电源，GND接电源负极接口，DO（Digital Output）接数字信号输出端口；四引脚板的火焰报警器多出一个A0引脚接模拟信号输出端口。

火焰检测：火焰报警器可以检测火焰及波长在760～1100nm范围内的光源；传感器与火焰要保持一定距离，以免高温损坏传感器，对打火机测试火焰距离为80cm；火焰越大，火焰报警器测试距离越远。其探测角度为60°左右。

灵敏度调节：模块中蓝色的电位器是用于调节灵敏度。

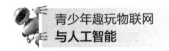
（三）MQ-2烟雾传感器

烟雾报警器是防止火灾最重要的手段之一，在火灾初起时烟雾会积聚在室内天花板下，烟雾报警器能够实时监视探测烟雾的存在，每45s左右对环境进行周期性检测，其原理是通过内部智能处理器感应离散光源、微小的烟粒和气雾来检测，一旦检测到烟雾，立刻通过一个内置的专用IC驱动电路和一个外部压电式换能器输出报警声，使人们及早得知火情，将火灾扑灭在萌芽状态。

烟雾报警器分为离子式烟雾传感器、光电式烟雾传感器、气敏式烟雾传感器（图13-5）。

（a）离子式烟雾传感器

（b）光电式烟雾传感器　　　　　（c）气敏式烟雾传感器

图13-5　三种烟雾传感器

我们今天使用的是MQ-2烟雾传感器（图13-6、图13-7），所使用的气敏材料是在清洁空气中电导率较低的二氧化锡（SnO_2）。当所处的环境中存在烟雾颗粒时，传感器的电导率随空气中烟雾颗粒浓度的增加而增大，使用简单的电路即可将电导率的变化转换为与该气体浓度相对应的输出信号。

模块特性：MQ-2烟雾传感器可检测多种可燃性气体对烟雾以及部分可燃气体丙烷、氢气的灵敏度高，对天然气和其他可燃气体的检测也很理想。

阈值调节：模块中蓝色的电位器是用于调节阀值的，当顺时针旋转时，阈值会越大；当逆时针旋转时，阈值会越小。

烟雾检测：当可燃气体浓度小于指定的阈值时，DO输出高电平；当大于指定的阈值时则输出低电平。

图13-6　MQ-2烟雾传感器

图13-7　MQ-2烟雾传感器引脚示意图

引脚说明：MQ-2烟雾传感器模块有4个引脚，VCC接电源正极接口，可外接3.3～5V供电电源；GND接电源负极接口，可外接电源负极或地线；DO（Digital Output）开关信号和AO模拟信号两个输出端口。DO输出的有效电平为低电平，即输出低电平时信号灯点亮。

注意：传感器在通电后，需要预热20s左右，测量数据才稳定，传感器发热属于正常现象，因为内部有电热丝，如果烫手就不正常，需要及时检查线路连接是否正确。

六、制作流程

课堂小目标

（1）学会火焰传感器的使用方法。

（2）学会烟雾传感器的使用方法。

（3）使用火焰传感器和烟雾传感器与ESP8266模块完成远程火灾报警系统的制作。

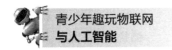

开始编程

（一）硬件模拟搭建

1. 选择主控板

单击模块—LG Maker—主板类—控制器，并将控制器拖到界面中央的工作台。

2. 选择ESP8266模块

单击模块—传感输入模块系列—通信和存储类—ESP8266模块，并将ESP8266模块拖到工作台。

3. 选择贝壳物联

单击模块—框架系列—物联网类—贝壳物联，并将贝壳物联拖到工作台。

4. 选择延时器

单击模块—软件模块系列—定时延时类—延时器，并将延时器拖到工作台。

5. 选择定时器

单击模块—软件模块系列—定时延时类—定时器，并将定时器拖到工作台。

6. 选择火焰报警器模块

单击模块—传感输入模块系列—触发传感器类—火焰报警器，并将火焰报警器拖到工作台。如图13-8所示。

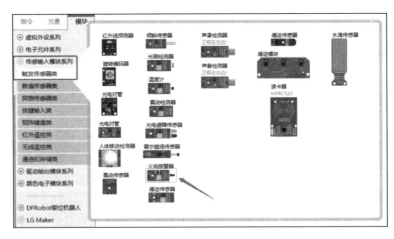

图13-8　火焰报警器

7. 选择蜂鸣器模块

单击模块—驱动输出模块系列—声音输出类—蜂鸣器，并将蜂鸣器拖到工作台。

8. 添加LED灯模块

单击模块—黑色电子模块系列—灯光输出类—红灯，并将红灯拖到工作台。

9. 添加MQ-2烟雾传感器

现在再加上MQ-2烟雾传感器，使整个报警系统更加灵敏，同时当MQ-2烟雾传感器感应到了烟雾后同样滴滴报警，红灯闪烁，这该去如何实现呢？

首先从软件中添加MQ-2烟雾传感器，这个时候会发现在触发、数值、探测传感器类中并没有烟雾传感器，针对这种情况我们该如何解决呢？

这个时候我们就需要添加一个输入端口，单击模块—虚拟外设系列—功能扩展类—输入端口，并将输入端口拖到界面工作台。如图13-9所示。

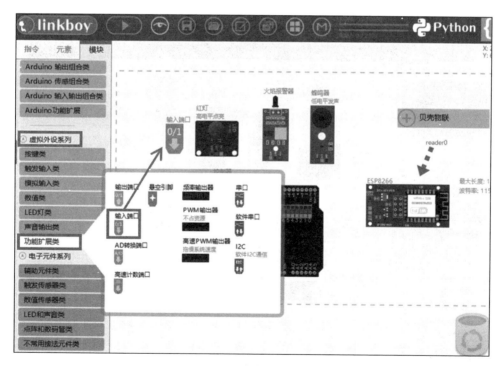

（a）

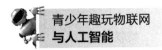

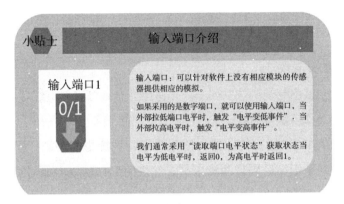

（b）

图13-9　输入端口

10. 模块拖出到工作台

所有模块拖出到工作台如图13-10所示。

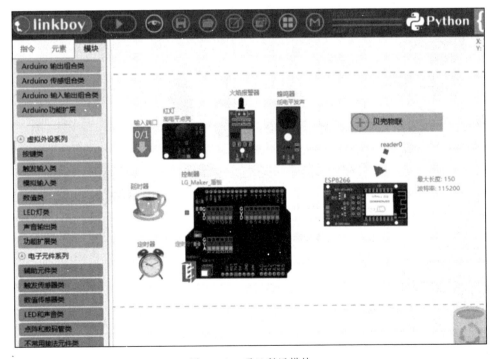

图13-10　项目所用模块

11. 模拟连线

ESP8266模块的RX引脚必须连接在扩展板的D0号数字引脚，TX引脚必须连接在主控板的D1号数字引脚，剩下VCC引脚与GND引脚依次接入扩展板D1的V、G管脚即可。将蜂鸣器I/O信号管脚连接到主控板的D4数字管脚，VCC、GND管脚分别用导线连接到主控板的VCC、GND管脚。红灯的IN管脚连接到主控板的D8数字管脚，VCC、GND管脚分别用导线连接到主控板的VCC、GND管脚，将火焰报警器的DAT管脚连接到主控板的D7数字管脚，VCC、GND管脚分别用导线连接到主控板的VCC、GND管脚。输入端口连接到D10数字管脚。如图13-11所示。注意模拟连线要与实物连线相对应。

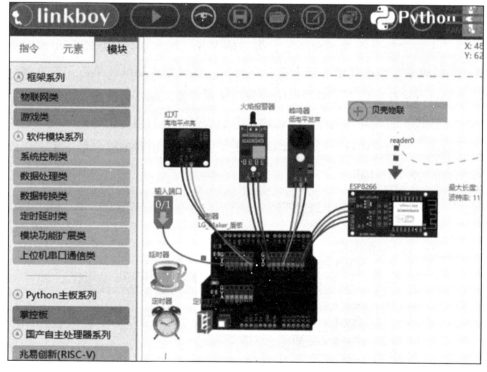

图13-11　模拟连线

（二）程序编写

单击主控板选取控制器"初始化"指令，首先要编写联网信息，调出相关脚本后，先输入当前环境下的WiFi名称，再输入WiFi密码，然后将之前记下智

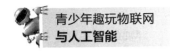

能设备的ID和APIKEY输入，最后添加控制器"指示灯点亮"作为成功连上的特征。

单击贝壳物联，选择"接收到命令c时"指令，然后向里面添加条件判断语句"如果……"，条件量选取运算中的"？Cstring==？Cstring"。单击左边的"？Cstring"选择全局自定义里的"c"，单击右边的"？Cstring"在数字指令里用键盘输入"play"后单击确定。在如果指令里添加"反复执行"指令，在反复执行里编写模块类功能指令。

由于探测到火焰或者烟雾都会触发报警，所以选择"或"运算可以减少程序编写的长度。执行"或"运算时，两个条件只要有一个满足即为真，只有当两个条件都不满足时才为假。在左侧指令列表里移出"等待"指令，单击等待条件量，在指令编辑器窗口中单击运算，选择条件量或者条件量指令，一侧选择"火焰警报器探测到火焰"，另一侧选择"输入端口读取端口电平状态==0"。单击左侧条件量，进入指令编辑器，选择输入端口，单击"输入端口读取端口电平状态"，之后指令编辑器会显示"输入端口读取端口电平状态"与"整数量"的判断。选择"读取端口电平状态==整数值"指令，并对整数值进行赋值，当烟雾传感器检测到的数值大于指定的阈值时则输出低电平，因此赋值为0。如图13-12所示。

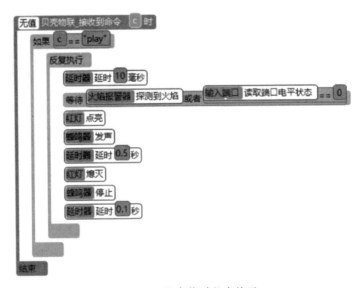

图13-12　贝壳物联程序编写

单击左侧条件量，进入指令编辑器，选择输入端口，单击"输入端口读取端口电平状态"，之后指令编辑器会显示"输入端口读取端口电平状态"与"整数量"的判断。选择"读取端口电平状态==整数值"指令，并对整数值进行赋值，当烟雾传感器检测到的数值大于指定的阈值时则输出低电平，因此赋值为0。

最后添加定时器模块程序，编写定时器清零与贝壳物联向数据接口上传数据，如图13-13所示。

图13-13　定时器程序

（三）硬件搭建

根据模拟连线图进行硬件线路连接，注意各个模块的信号管脚连接位置一定要和软件模拟连线图一致。

（四）安装

1. 支撑座安装

选择M3×8螺钉（较长）4颗、M3×15尼龙柱（较长）4个，按照如图13-14所示，将尼龙柱安装在底板的4个拐角，安装时注意字面朝上。

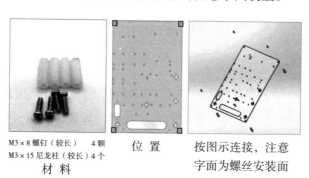

M3×8螺钉（较长）　4颗
M3×15尼龙柱（较长）4个
材　料

位　置

按图示连接，注意
字面为螺丝安装面

图 13-14　安装支撑座

2. 主控板安装

其余硬件选择合适的位置用M3×5螺钉（较短）、M3×7尼龙柱（较短）安装。如图13-15所示。

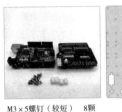

M3×5螺钉（较短）　8颗
M3×7尼龙柱（较短）4个
材　料　　　　位　置　　安装主控板，注意
　　　　　　　　　　　　　　　主控板朝向

图13-15　主控板安装

3. 其余硬件安装

其余硬件选择合适的位置用M3×5螺钉（较短）、M3×7尼龙柱（较短）安装即可。如图13-16所示。

图13-16　硬件组装图

（五）程序下载

在Arduino串口下载器窗口，单击串口号窗口，选择相应的串口号，然后单击下载，出现下载成功即可，最后检测实物运行效果。需要注意的是，程序下载的时候需先断开ESP8266与扩展板的连接，否则会下载失败。

七、实物运行操作

在实验过程中，我们模拟着火的情况，给一簇明火，当火焰探测器探测到火焰以后，蜂鸣器发出警报，红灯点亮，如图13-17所示。并且会收到贝壳物联发出的警报邮件，如图13-18所示。

图13-17　检测到火情时的情况

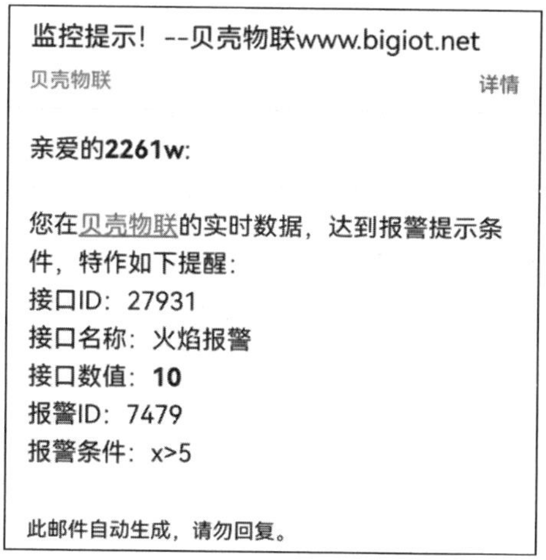

监控提示！--贝壳物联www.bigiot.net

贝壳物联　　　　　　　　　　　　　　　详情

亲爱的2261w：

您在贝壳物联的实时数据，达到报警提示条件，特作如下提醒：
接口ID：27931
接口名称：火焰报警
接口数值：**10**
报警ID：7479
报警条件：x>5

此邮件自动生成，请勿回复。

图13-18　火情警报邮件

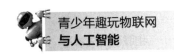

第十四章　儿童起夜提醒器

一、项目背景

家长1：你听说了吗？儿童起夜提醒器可以实现手机远程监控孩子的夜间活动！

家长2：真的吗？那太方便了！可以了解孩子的起夜情况。

家长1：儿童起夜提醒器真是太方便了，我再也不用担心孩子起夜了。

家长2：太棒了！我家也要安装一个儿童起夜提醒器。

家长1：我真是爱上了这种智能化的生活方式。

二、项目介绍

儿童起夜提醒器是一种帮助家长监控和提醒儿童夜间活动的设备。这些提醒器通常具有以下特点和功能：

声音或震动提醒：儿童起夜提醒器的家长端可以通过发出声音或震动的方式来提醒家长，告知他们孩子已经起夜或离开床铺。这有助于及时关注孩子的安全状况。

移动便携性：儿童起夜提醒器通常是小巧轻便的设备，易于携带。这使得家长可以在家中不同区域自由移动，而仍能随时收到提醒。

无线技术：多数儿童起夜提醒器采用无线技术，如无线网络或蓝牙，使其更加灵活方便，而不受电缆的限制。

夜灯功能：一些提醒器还具备夜灯功能，能够在夜间提供柔和的光亮，有助于家长在不打扰孩子的情况下进入房间。

需要注意的是，使用提醒器应该根据孩子的年龄和个体差异来调整，以确保其在儿童的发展阶段中是合适和有效的。此外，提醒器的使用应当与建立健康的睡眠环境和习惯相结合。

项目介绍：本次我们所做的远程项目是一个基于Linkboy的开源硬件平台的DIY项目，旨在帮助用户构建一个简单的儿童起夜提醒器，设置接收端和发送端，实现不同房间内可以监测儿童的活动。儿童起夜提醒器包含硬件与软件两部分。

硬件部分：

（1）设置两块主控板作为项目的主控制单元，用于控制发送端的程序处理和接收端的程序执行。

（2）NRF24L01无线发射接收模块：实现两个主控板之间的无线通信，一个作为发射端，一个作为接收端。

（3）蜂鸣器：作为提醒装置，通过声音进行提醒。

（4）红灯模块：通过灯光闪烁提醒接收端用户。

（5）白灯模块：发射端感应到有人活动，灯点亮，提供照明功能。

（6）人体红外感应模块：接收端感应装置，用来检测是否有人活动。

（7）按钮模块：用来设置接收端是否启动，作为开关装置，如晚上睡觉前按下按钮启动，白天按下按钮关闭。

软件部分：

（1）控制程序编写：设置接收端人体感应模块的检测程序，根据检测的结果设置信号发送程序和白灯点亮程序；设置另一块主控板程序，先设置按钮开关程序，然后根据接收信号设置蜂鸣器和红灯的提醒装置。

（2）儿童起夜提醒器的整个工作内容就是，当发射端检测到有人活动时，会点亮白灯进行照明，并且向接收端发送信号。设置接收端的开关程序，即接收装置开启后，当接收到发射端的信号后，红灯闪烁并且蜂鸣器间歇响起进行提醒功能。

三、学习任务

（1）认识人体红外感应模块并学习使用。

（2）学习NRF24L01无线发射接收模块的使用。

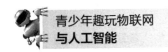

（3）利用无线发射接收模块结合相关传感器实现儿童起夜提醒器的制作。

四、使用器材

Arduino主控板1块、LG拓展板1块、USB数据线1根、电池1节、NRF24L01无线发射接收模块1组、人体红外感应模块1组、红灯模块1组、白灯模块1组、绿灯模块1组、蜂鸣器模块1组、按键模块1组、杜邦线若干。

五、知识准备

（一）2.4G无线技术

2.4G是一种无线技术，由于其频段处于2.400～2.525GHz，所以简称2.4G无线技术。基于2.4G无线技术封装的高度集成芯片组我们称之为2.4G无线模块，而2.4G无线收发模块是无数2.4G无线模块中的一种，广泛应用于无线遥控、无线耳机、无人机、无线键盘、无线监控、非接触RF智能卡、小型无线数据终端、安全防火系统、无线遥控系统、生物信号采集、水文气象监控等行业和商品中。2.4G和433M是国内免许可证的ISM（工业、科学、医学）开放频段，不需要从本地管理部门申请授权。

（二）NRF24L01无线发射接收模块

NRF24L01是一种2.4G无线发射接收模块（图14-1）。NRF24L01是由NORDIC生产的工作在2.4～2.5GHz的ISM频段的单片无线收发器芯片。无线收发器包括：频率发生器、增强型"SchockBurst"模式控制器、功率放大器、晶体振荡器、调制器和解调器。输出功率频道选择和协议的设置可以通过SPI接口进行设置，几乎可以连接到各种单片机芯片，并完成无线数据传送工作。

图14-1　NRF24L01无线发射接收模块

图14-2是模块的PCB布线图，第1、2引脚为电源引脚；第3引脚为模块的低电平使能引脚；第4引脚用于控制模块的片选，用于开始一个SPI通信；第5、6、7、8为模块的SPI通信口，它们依次为SPI总线时钟、主器件输出从器件输入、主器件输入从器件输出和中断信号输出引脚，主要部件名称和用途如表14-1所示。

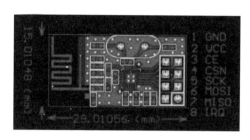

图14-2　NRF24L01无线发射接收模块布线图

表14-1　NRF24L01主要部件名称和用途

序号	名称	方向	用途
1	VCC		供电电源，必须为2.0～3.6V
2	GND		地线，连接到电源参考地
3	CSN	输入	模块片选引脚，用于开始一个SPI通信
4	CE	输入	模块控制引脚
5	MOSI	输入	模块SPI数据输入引脚
6	SCK	输入	模块SPI总线时钟
7	IRQ	输出	模块中断信号输出，低电平有效
8	MISO	输出	模块SPI数据输出引脚

注意：VCC脚接电压范围为2.0～3.6V之间，不能在这个区间之外，超过3.6V将会烧毁模块。推荐电压为3.3V左右。除电源VCC和接地端，其余脚都可以直接和普通的5V单片机I/O端口直接相连，无须电平转换。

无线模块为静电敏感器件，使用时注意静电防护，特别是在干燥的冬季，尽量不用手去触摸模块上的器件，以免造成不必要的损坏。

图14-3是两个单片机借助NRF24L01实现无线通信的接线原理图，它们的连接非常简单。这个模块会占用单片机的6个引脚，使用单片机的2个普通I/O端口

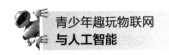

连接模块的片选和使能引脚，用单片机的SPI引脚或普通I/O端口模拟SPI总线连接模块的SPI引脚即可实现数据交换。

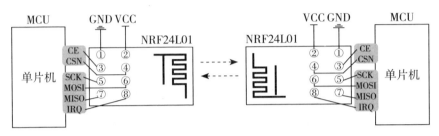

图14-3　NRF24L01无接线原理图

（三）人体红外感应模块

人体红外感应模块及引脚如图14-4、图14-5所示。

图14-4　人体红外感应模块

红外热释电传感器是一款基于热释电效应的人体热释运动传感器，能检测到人体或动物身上发出的红外线，配合菲涅尔透镜能使传感器探测范围更远更广。可在控制器上编程应用，通过3P传感器连接线插接到专用传感器扩展板上使用，可以轻松实现人体或动物检测的相关的互动效果。

目前的人体红外传感器进行了改良，上电需要预热30~60s，随后模块进行检测。当检测范围内感应到人体，模块会进行检测，随后模块会进入自锁状态（7~8s左右，在自锁状态中，模块不会再次触发），自锁结束后，继续触发人体感应。

工作原理：人体都有恒定的体温，一般在37℃，所以会发出特定波长10um左右的红外线，被动式红外探头就是靠探测人体发射的10um左右的红外线而进行工作的。人体发射的10um左右的红外线通过菲涅尔滤光片增强后聚集到红外感应源上。红外感应源通常采用热释电元件，这种元件在接收到人体红外辐射温度发生变化时就会失去电荷平衡，向外释放电荷，后续电路经检测处理后就能产生报警信号。

热释电效应：当一些晶体受热时，在晶体两端将会产生数量相等而符号相反的电荷。这种由于热变化而产生的电极化现象称为热释电效应。

菲涅尔透镜：根据菲涅尔原理制成，菲涅尔透镜分为折射式和反射式两种。其作用一是聚焦作用，将热释的红外信号折射（反射）在红外线传感器（PIR）上；二是将检测区内分为若干个明区和暗区，使进入检测区的移动物体能以温度变化的形式在PIR上产生变化热释红外信号，这样PIR就能产生变化电信号，使热释电人体红外传感器灵敏度大大增加。

应用范围：走廊、楼道、卫生间、地下室、仓库、车库等场所的自动照明。

排气扇的自动抽风以及其他电器（白炽灯、荧光灯、蜂鸣器、自动门、电风扇、烘干机和自动洗衣机）特别适用于企业，宾馆、商场、库房敏感区域或安全区域和报警系统，还可以用于防盗等系统。

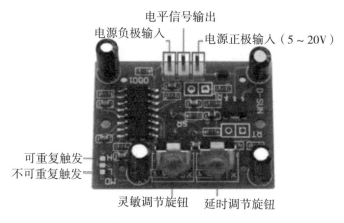

图14-5　HCSR501的引脚

模块引脚介绍：人体热释运动传感器可以通过两个旋钮调节：3～7m的检测范围，5s～5min的延迟时间。可以通过跳线来选择模式：单次触发，重复触发（表14-2）。

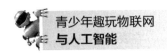
表14-2　引脚和控制的说明

引脚和控制	说明
时间延迟调节	检测到移动后，高电平输出时间5s ~ 5min
感应距离调节	检测范围3 ~ 7m
检测模式调节	单次调节/连续调节
GND	接地
VCC	接电源
OUT	高/低移动，低/无移动

触发方式：L不可重复，H可重复。可跳线选择，默认为H。①不可重复触发方式：即感应输出高电平后，延时时间一结束，输出将自动从高电平变为低电平。②重复触发方式：感应输出高电平后，在延时时间段内，如果有人体在其感应范围内活动，其输出将一直保持高电平，直到人离开后才延时，将高电平变为低电平（感应模块检测到人体的每一次活动后会自动顺延一个延时时间段，并且以最后一次活动的时间为延时时间的起始点）。

六、制作流程

课堂小目标

（1）认识人体红外感应模块并学习使用。

（2）学习NRF24L01无线发射接收模块的使用。

（3）完成儿童起夜提醒器的制作。

开始编程

（一）发射端硬件模拟搭建

1. 选择主控板

单击模块—LG Maker—主板类—控制器，并将控制器拖到界面中央的工作台。如图14-6所示。

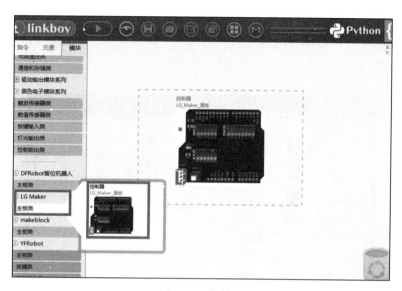

图14-6 控 制 器

2. 选择无线收发器模块

单击模块—传感输入模块系列—通信和存储类—无线收发器，并将箭头所指无线收发器拖到工作台。如图14-7所示。

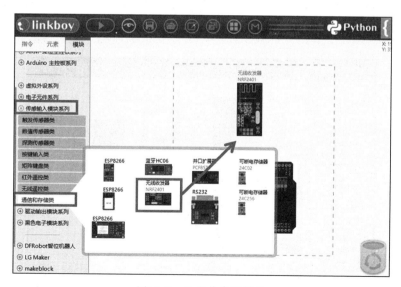

图14-7 无线收发器模块

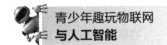
3. 选择人体移动检测器模块

单击模块—传感输入模块系列—触发传感器类—人体移动检测器，并将人体移动检测器拖到工作台。如图14-8所示。

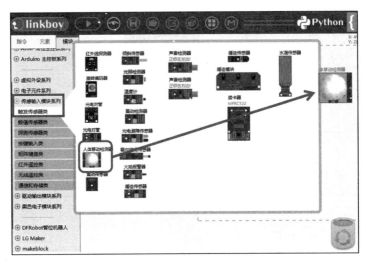

图14-8　人体移动检测器模块

4. 选择LED灯模块

单击模块—黑色电子模块系列—灯光输出类—红灯，并将红灯拖到工作台，这里由于没有白灯模块，在模拟里可以用红灯先替代。如图14-9所示。

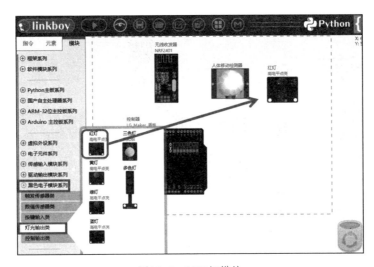

图14-9　LED灯模块

5. 选择延时器

单击模块—软件模块系列—定时延时类—延时器，并将延时器拖到工作台。如图14-10所示。

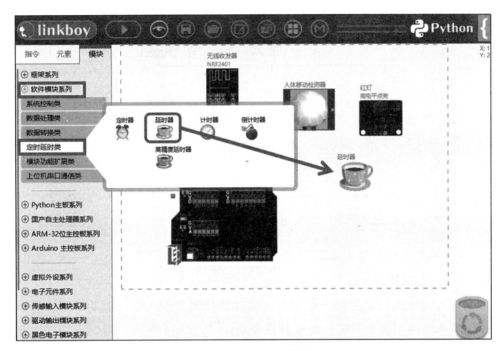

图14-10　延时器模块

6. 模拟连线

将无线收发器的6个信号接口连接到主控板的信号接口上，这里CSN接D10，MOSI接D9，IRQ接D8，CE接A0，CLK接A1，MISO接A2，GND接主控板GND，VCC接3V3引脚。人体移动检测器的信号口D口连接主控板D2口，VCC和GND与主控板的VCC和GND相连。连好线后按下空格键，单击线路添加节点，调成如图14-11所示，使得整体连线图看起来更清晰明了。

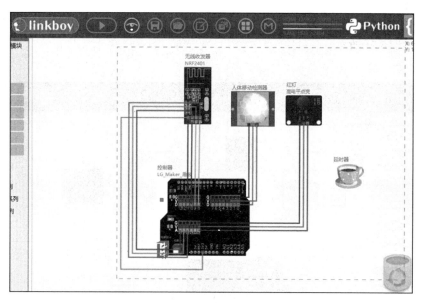

图14-11　模拟连线图

（二）发射端程序编写

单击人体移动检测器，调出"人体移动检测器附近有人走动时"，然后添加指令模块，设置"无线收发器设置第1个数据为5"，这里的5在后面有其用处。然后将这个指令发出，即设置"无线收发器发送数据"指令。此时即检测到有人发送数据信号，并且此时红灯点亮，延时10秒，进行照明，然后熄灭（图14-12）。

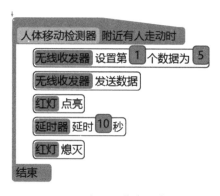

图14-12　设备无线收发器发送程序

（三）接收端硬件模拟搭建

再打开一个Linkboy软件。

1. 选择主控板

单击模块—LG Maker—主板类—控制器，并将控制器拖到界面中央的工作台。如图14-13所示。

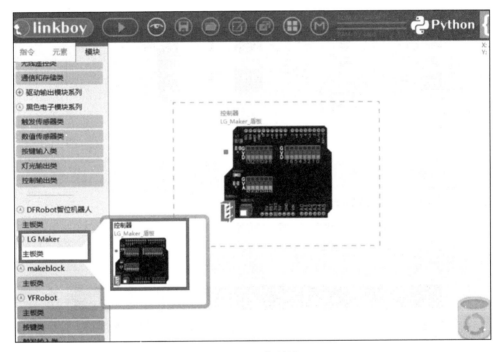

图14-13　控制器

2. 选择无线收发器模块

单击模块—传感输入模块系列—通信和存储类—ESP8266，然后将无线收发器模块拖到工作台。如图14-14所示。

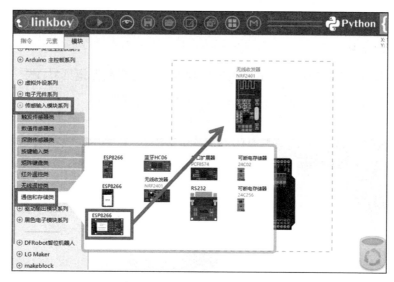

图14-14　无线收发器模块

3. 选择红灯和绿灯模块

单击模块—黑色电子模块系列—灯光输出类—红灯，并将红灯拖到工作台，同样再将绿灯拖到工作台。如图14-15所示。

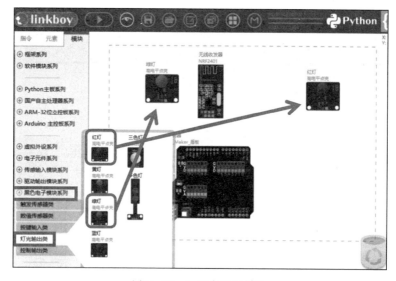

图14-15　红灯和绿灯模块

4. 选择按钮

单击模块—传感输入模块系列—按键输入类—蓝按钮，并将蓝按钮拖到工作台。如图14-16所示。

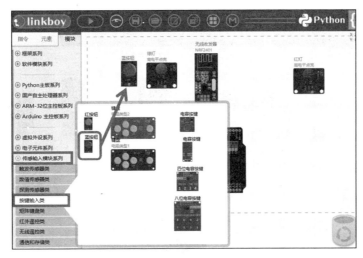

图14-16　按钮模块

5. 选择蜂鸣器

单击模块—驱动输出模块系列—声音输出类—蜂鸣器，并将蜂鸣器拖到工作台。如图14-17所示。

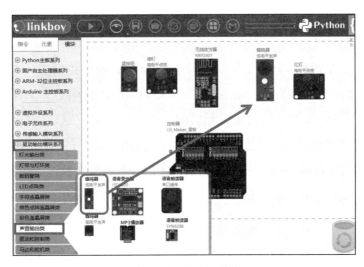

图14-17　蜂鸣器模块

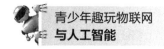

6. 选择延时器

单击模块—软件模块系列—定时延时类—延时器，并将延时器拖到工作台。如图14-18所示。

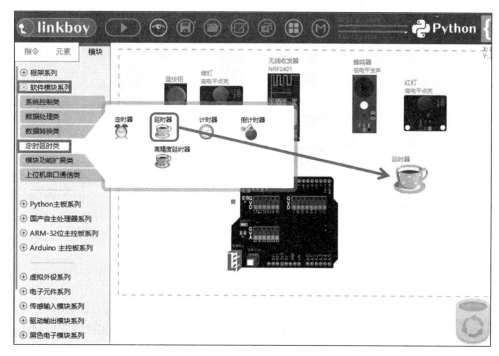

图14-18　延时器模块

7. 模拟连线

将无线收发器的6个信号接口连接到主控板的信号接口上，这里CSN接A0，MOSI接A1，IRQ接A2，CE接D7，CLK接D6，MISO接D5，GND接主控板GND，VCC接3V3引脚。红灯的信号口IN连接主控板A4，绿灯的信号口IN连接主控板D10，蜂鸣器的I/O口连接主控板A5，蓝按钮的OUT口连接主控板D11，VCC和GND与主控板的VCC和GND相连。连好线后按下空格键，单击线路添加节点，调成如图14-19所示，使得整体连线图看起来更清晰明了。

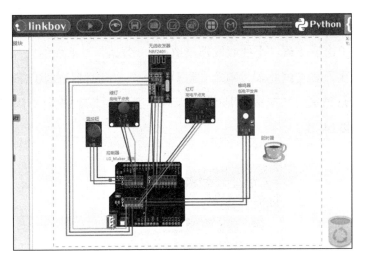

图14-19 模拟连线图

（四）接收端程序编写

单击元素，拖出整数值N，单击主控板"初始化"指令，将设置程序"N=0"，单击蓝按钮，设置"蓝按钮按钮按下时"，此时"N=1"，"绿灯点亮"，并且设置"延时0.5秒"，为了防止程序快速执行多次，在"指令"中调出"等待"指令，里面设置"蓝按钮按钮按下"，此时"N=0""绿灯熄灭"，同样"延时0.5秒"。此程序执行即默认为0，按下按钮切换N为1，等待下次再按下蓝按钮设N为0，即N在按下按钮时在0和1之间切换。如图14-20所示。

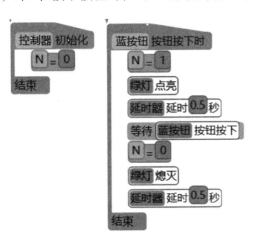

图14-20 按钮切换程序

单击无线收发器，调出"无线收发器接收到数据时"，在里面加上"如果……"条件判断指令，即"N==1"，此时在指令中添加"反复执行……次"有限循环，单击后出现"无线收发器读取第1个数据"，前面的5，即重复执行5次。然后依次设置"蜂鸣器发声""红灯点亮""延时器延时0.5秒""蜂鸣器停止""红灯熄灭""延时器延时0.5秒"等指令，实现5次红灯闪烁和蜂鸣器响起程序（图14-21）。

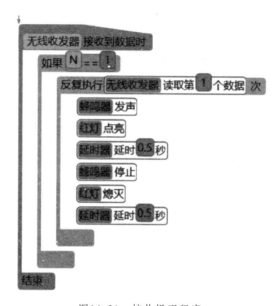

图14-21　接收提醒程序

（五）硬件搭建

发送端：根据模拟连线图进行硬件线路连接，无线接收器要注意各个信号端口对应的引脚位置，VCC引脚注意与3V3进行连接，有的人体移动检测器引脚上没有标识引脚名称，可以按照模拟连线上引脚名称进行连线。白灯模块的信号端口接在A5端口（图14-22）。

接收端：接收端点的无线接收器连接方式和发送端一样，其他模块按照模拟连线图进行连接即可（图14-23）。

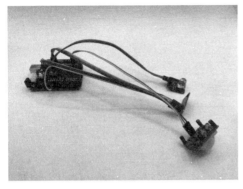

图14-22　发送端实物搭建图

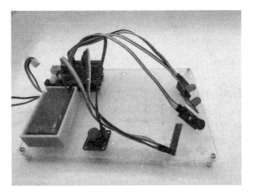

图14-23　接收端实物搭建图

（六）安装

按钮、蜂鸣器、红灯和绿灯模块的安装与之前安装相同，都采用M3的尼龙柱和M3螺钉进行安装，无线收发器没有安装孔，因此不需要安装。目前只安装接收端（图14-24、图14-25）。

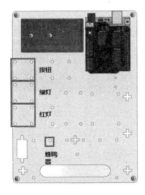

图14-24　安装位置

图14-25　接收端硬件组装图

（七）程序下载

分别将接收端和发送端程序下载到主控板中，单击Arduino串口下载器窗口，单击串口号窗口，选择相应的串口号，然后单击下载，出现下载成功即可，最后检测实物运行效果。

第四篇

物联网与
人工智能项目

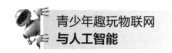
第十五章　AI车牌识别器

一、项目背景

人工智能（Artificial Intelligence，AI）是指通过模拟、仿真人类智能过程的技术和系统，使机器能够执行类似于人类智能的任务。这包括学习、推理、问题解决、语言理解、视觉感知等方面的能力。人工智能的目标是使计算机系统能够模拟、理解和执行复杂的认知任务，以便在特定领域内表现出智能水平，甚至超越人类的能力。

人工智能在社会生活中已经得到了广泛的应用，对各个领域产生了积极的影响。以下是人工智能在社会生活中的一些体现。

（1）智能助手和虚拟助手：人工智能驱动的智能助手如Siri、Google Assistant和Alexa等已经成为智能手机、智能音箱等设备的标配。它们能够执行语音识别、自然语言处理等任务，帮助用户进行日常事务的管理、信息检索等。

（2）医疗诊断和治疗：人工智能在医学领域的应用包括图像识别、疾病预测和药物研发等。医疗图像诊断系统能够辅助医生更准确地诊断影像学检查结果。

（3）智能交通系统：人工智能技术在交通管理中的应用包括交通流优化、智能交通灯控制和自动驾驶技术。这有助于提高交通效率、减少交通事故，并推动智能交通的发展。

（4）教育领域：人工智能在教育中的应用包括个性化学习、智能教育辅助工具和在线教育平台。这些技术能够根据学生的学习风格和进度提供定制化的教育体验。

（5）自动化生产和制造：人工智能和机器学习在制造业中的应用使得生产线更加智能化，提高了生产效率、质量控制和供应链管理。

（6）语音识别和翻译：语音识别技术使得语音助手、语音搜索和语音翻译等服务成为可能，促使语音技术在日常生活中的广泛应用。

二、项目介绍

AI车牌识别是一种利用人工智能技术进行车牌自动识别的应用。这项技术结合了计算机视觉、图像处理和机器学习等领域的方法，能够从图像或视频流中准确地提取和识别车牌信息（图15-1）。

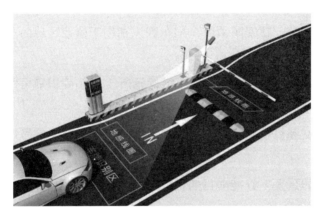

图15-1　车牌识别

以下是AI车牌识别的基本原理和应用。

（一）基本原理

（1）图像采集：使用摄像头或其他图像采集设备捕获车辆的图像。这可以是固定位置的监控摄像头、移动设备或集成在交通工具上的摄像头。

（2）图像预处理：对图像进行预处理，包括去噪、调整图像亮度和对比度，以及裁剪或调整图像尺寸，以提高后续识别的准确性。

（3）车牌定位：利用图像处理算法，识别图像中的车牌位置。这可能涉及边缘检测、颜色过滤、形状分析等技术。

（4）字符分割：将车牌图像中的字符分割成单独的字符。这对于后续的字符识别至关重要。

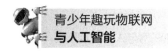
（5）字符识别：使用光学字符识别（OCR）技术，对分割后的字符进行识别。机器学习算法在这个阶段被广泛应用，通过训练模型来提高字符识别的准确性。

（6）车牌信息输出：将识别出的车牌信息输出为文本、数据库记录或其他形式，供后续处理或记录使用。

（二）应用领域

（1）交通管理：在城市交通管理中，AI车牌识别可用于监控车辆流量、追踪车辆行驶路径，以及识别违规行为和交通事故。

（2）停车管理：在停车场管理中，可以利用AI车牌识别系统实现自动识别车辆，进行停车费用结算或实现无人值守停车。

（3）安防监控：在安防领域，AI车牌识别用于监控区域的车辆进出，帮助提高安全性和追踪犯罪活动。

（4）智能门禁系统：在企业、小区等场所，AI车牌识别可用于智能门禁系统，确保只有授权车辆和人员能够进入特定区域。

（5）智能交通灯控制：结合实时车流信息，优化交通信号灯控制，提高交通流畅度。

需要注意的是人工智能项目的程序编写和使用需要用到Linkboy V5.3版本的软件。

三、学习任务

（1）认识K210主板并学习使用。

（2）学习使用机器视觉实验室设置相关参数。

（3）利用K210主板结合相关传感器实现AI车牌识别器的制作。

四、使用器材

Maix BitK210主控板1块、USB Type-C数据线1根、8bit LCD1块、OV2640摄像头1个、四位数码管模块1组、舵机1个、杜邦线若干。

五、知识准备

（一）面包板

面包板是专为电子实验所设计的，在面包板上可以根据自己的想法搭建各种电路，对于众多电子元器件，都可以根据需要随意插入或者拔出，免去了焊接的烦恼，节省了电路的组装时间。同时，免焊接使得元器件可以重复使用，避免了浪费和多次购买元器件。

面包板的孔在内部通过条形的弹性金属簧片连接在一起，类似我们常用的电源接线板。在进行电路实验时，根据电路图，在相应孔内插入电子元器件的引脚或者导线，引脚和孔内的弹性簧片紧密接触，由此连接成所需的实验电路（图15-2）。

图15-2　常用面板示意图

上下两侧标注"+""-"通常被用作电源和地，通过水平方向的金属簧片分别水平连通；中间区域为原型电路搭建区域，分为上下两部分，通过竖向的金属簧片各列分别连通。

（二）K210主控板

Maix Bit开发板是SiPEED公司Maix产品线的一员，基于嘉楠勘智科技的边缘智能计算芯片K210（RISC-V架构64位双核）设计的一款AIOT开发板。开发板设计小巧精悍，板载Type-C接口和USB-UART电路，用户可以直接通过USB Type-C线连接电脑进行开发，配置128Mbit Flash、LCD_DVP、Micro SD卡等接口并把所有I/O引出，方便用户扩展（图15-3）。

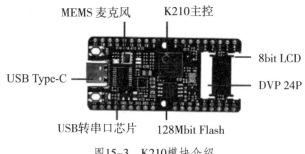

图15-3　K210模块介绍

　　Maix Bit开发板以K210作为核心单元，功能很强大，芯片内置64位双核处理器，拥有8M的片上SRAM，在AI机器视觉、听觉性能方面表现突出，内置多种硬件加速单元（KPU、FPU、FFT等），总算力最高可达1TOPS，可以方便地实现各类应用场景的机器视觉/听觉算法，也可以进行语音方向扫描和语音数据输出的前置处理工作。

　　AI模块为机器视觉与机器听觉类产品提供了单模块的系统级方案，使用SiPEED团队的固件和IDE，用户可以快速实现类似"人脸识别"这样听起来很"高大上"的功能。在商业应用领域也很广泛，特别在需要进行机器视觉和听觉相结合的场景，AI模块在未来也能应用于更多领域（图15-4）。

图15-4　K210应用场景

（三）K210固件烧录

打开软件根目录，选择"Linkboy"后再次选择"Linkboy"，然后选择
"vos"，在此文件夹内选择"常用芯片固件写入方法和工具"，在当前文件夹
下找到Kflash文件夹进入，首先双击运行FTDI-CDMv2.10.00WHQLCertified.exe
安装串口驱动，安装完成后，将K210插入电脑USB口，可以在设备管理器里看
到对应串口号COM14或者两个串口号，如COM63、COM64（图15-5）。

图15-5　找到固件烧录文件夹

双击运行kflash_gui_v1.8.1.exe，选择固件文件即单击打开文件，选择
kendryte_camera-screen-standalone.bin，或者Linkboy根目录下的vos\各个芯片固件\
K210-vos2.60.A.bin，选择串口号（一般是数值较小的那个，如COM63），然后
按下开发板的RESET键和BOOT键，再松开RESET键，经过5s之后再松开BOOT
键，最后单击下载按钮，等待下载完成，将开发板断电即可（图15-6）。

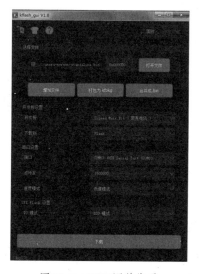

图15-6　K210固件烧录

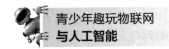
（四）机器视觉保存参数

Linkboy机器视觉系统有两种使用模式，分别是基于电脑摄像头模拟仿真和基于实物开发板图像识别。这两种模式基本操作是类似的，同样打开软件根目录，运行机器视觉实验室.exe，界面如图15-7所示。

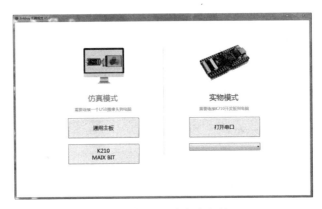

图15-7　机器视觉实验室界面

先在仿真模式下学习模拟如何调整使用相关指令，先单击左侧下方的"K210 MAIX BIT"，注意确保电脑外接了一个USB摄像头，打开后会出现如图15-8所示图像界面。

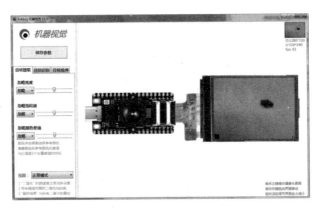

图15-8　仿真K210图像界面

如图5-19所示，可通过左边栏按钮设置进行图像识别，第一步是"目标提取"，例如，要把图像中的黑色物体提取出来，那么可以设置左边栏的"亮度"为小于128，并调节滑动条来调节阈值。

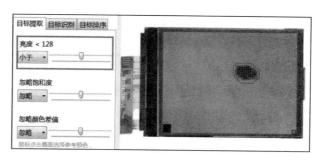

图15-9　亮度调整

可以用滚轮调节界面的放缩，如图15-10所示。

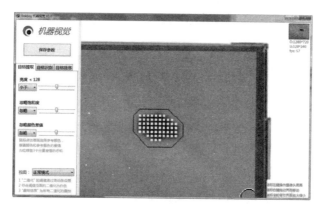

图15-10　界面调整

进入"目标识别"页面，勾选"字符识别"，如图15-11所示。

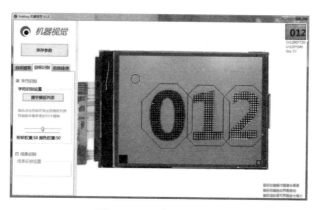

图15-11　目标识别操作

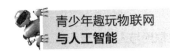
依次单击要存储的数字到模板列表，我们依次单击"0""1""2"（图15-12）。在屏幕的左上角会出现对应的模板图片，如果识别结果不稳定，可以滑动形状权重上面的滑块，将其调整到最右边，即形状权重调整为100。

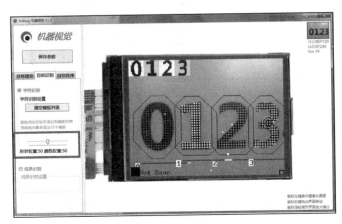

图15-12　调整保存目标识别结果

然后单击左边栏的"保存参数"按钮，将会存储起来，下次打开机器视觉软件会自动加载这些模板进行匹配。每个物体的识别结果将会显示到物体的下边，显示的ID就是模板的顺序ID，例如上图识别结果为0123。

以上是电脑摄像头模拟仿真的操作流程，接下来我们看一下实物开发板的摄像头识别流程，首先运行机器视觉软件，将K210开发板插入电脑的USB插口后，单击右侧串口号列表，选择相应的串口号，如COM14（图15-13）。

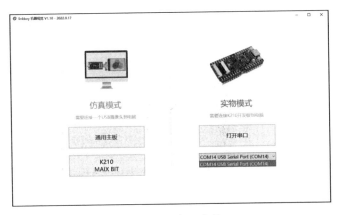

图15-13　串口选择

打开后进入主界面，注意目前的版本还不支持主界面显示K210的摄像头画面，所以界面右侧交互区域是灰色的，但是在实物开发板的屏幕上可以看到摄像头画面。因此需要将摄像头和显示屏与K210开发板进行连接。并且为了方便使用，需要先将摄像头和屏幕与开发板进行固定连接。

组装步骤：先将屏幕连接线穿过主支架孔，与主控板进行连接，然后再用M2螺钉和尼龙柱将主支架固定在主控板上（图15-14）。

图15-14　安装主支架

将摄像头放入安装孔，屏幕放置好后，用M2自攻螺钉将固定板固定在主支架上，目的是固定摄像头，将屏幕放置在卡槽后同样再将另一侧用M2螺钉固定（图15-15）。

图15-15　摄像头和屏幕固定

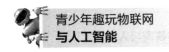

根据提示，鼠标在右侧灰色区域移动，可以看到实物开发板的屏幕上也会有一个光标跟随移动。然后按照之前虚拟仿真的操作步骤，可以调节亮度阈值、添加识别数字模板、保存参数等，操作是完全一样的，只不过是针对K210的摄像头画面。另外，单击保存参数按钮，也是将参数直接保存到K210开发板上，下次上电时，会自动加载最后一次保存的模板和参数（图15-16）。

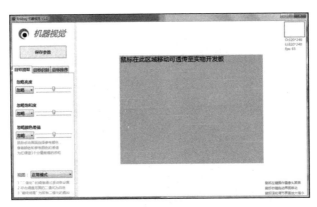

图15-16　保存参数

六、制作流程

课堂小目标

（1）复习四位数码管的使用。

（2）学习K210模块的使用。

（3）完成AI车牌识别器的制作。

开始编程

（一）硬件模拟搭建

1. 选择主控板

单击模块—其他主板—Maix Bit主控（K210）—控制器，并将控制器拖到界面中央的工作台（图15-17）。

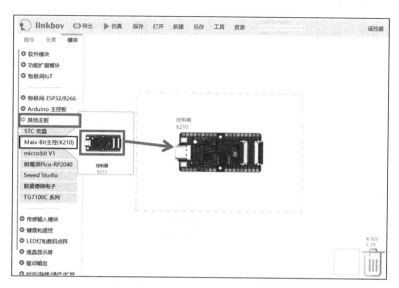

图15-17 K210控制器

2. 选择四位数码管模块

单击模块—LED灯和数码点阵—数码管—四位数码管，并将四位数码管模块拖到工作台。如图15-18所示。

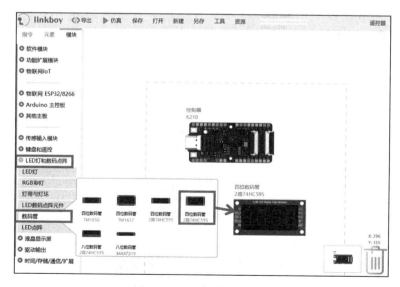

图15-18 四位数码管模块

3. 选择舵机模块

单击模块—驱动输出—马达和舵机—舵机（限位180度），并将舵机模块拖到工作台。如图15-19所示。

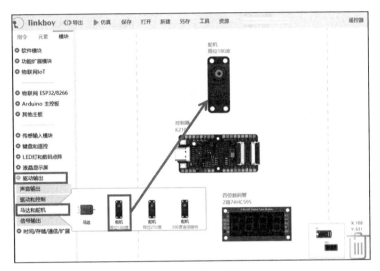

图15-19　舵机模块

4. 选择面包板

单击模块—时间/存储/通信/扩展—辅助元件—面包板，并将面包板拖到工作台。如图15-20所示。

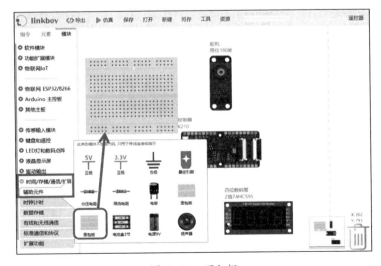

图15-20　面包板

5. 选择基础参数列表和字符识别列表

单击模块—功能扩展模块—图像识别算子—基础参数列表和字符识别列表，并将基础参数列表和字符识别列表拖到工作台。如图15-21所示。

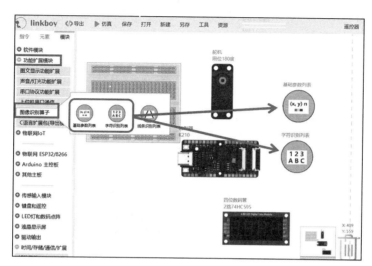

图15-21　基础参数列表和字符识别列表

6. 选择延时器

单击模块—软件模块—定时延时—延时器，并将延时器拖到工作台。如图15-22所示。

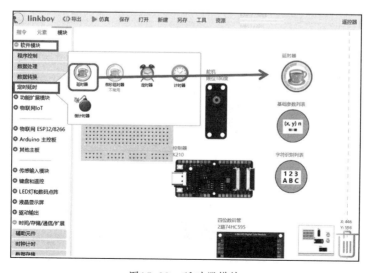

图15-22　延时器模块

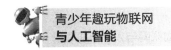

7. 选择信息显示器

单击模块—功能扩展模块—图文显示功能扩展—信息显示器，并将信息显示器拖到工作台。如图15-23所示。

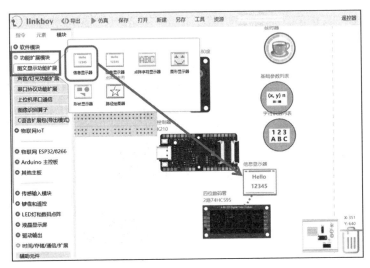

图15-23　信息显示器

8. 选择整数值变量

单击元素—整数值，并将整数值拖两个到工作台，其中一个修改为M。如图15-24所示。

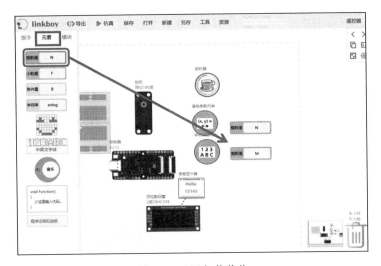

图15-24　添加整数值

9. 模拟连线

由于K210主控板上5V端口和GND端口都只有一个，因此需要使用面包板来扩展端口，先将K210的5V端口连接到面包板的最下端端口，K210的GND端口连接到面包板倒数第二行端口。

四位数码管SCLK连接主控板25号端口，RCUK连接主控板24号端口，DIO连接主控板23号端口，VCC连接面包板最下端一行，GND连接面包板倒数第二行。舵机的VCC和GND端口与四位数码管连接方式一样，信号端口连接7号端口（图15-25）。

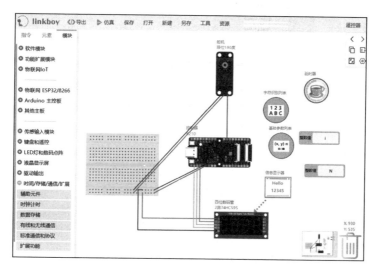

图15-25 模拟连线图

（二）识别程序编写

单击K210主控，添加控制器反复执行指令，向内添加"M=0，N=0"指令，这里面M是指识别到的参数数目，刚开始需要设置为0，N用来存储识别到的参数，刚开始也应该设置为0。

从指令中添加有限重复执行指令"反复执行……次"，重复执行的次数选择基础参数列表中的"基础参数列表数目"指令，这条指令是获取摄像头中的视觉元素数目，在有限重复执行指令中添加"M+=1"指令，即识别到元素后，数目加1。再添加"如果……"条件判断指令，判断条件为"基础参数列表第M个点数 < 100"，满足条件，"继续循环"，整个程序是指当某个参数点数

大于或等于100结束循环，执行后面指令。由于N是整数值即单个值，因此想要向N后添加数字，即N之前的数值需要扩大10倍，因此添加"N*=10"指令，并且添加"N+=字符识别列表第M个识别ID"指令，此时有限循环结束。然后，在有限循环后面添加"信息显示器清空"指令，并且添加"信息显示器在第1行第4列向前显示数字N"及"延时器延时0.1秒"指令，显示存储完整后的N的值。这是其中一种方法，还有另一种方法，使用字符串来存储识别到的数字（图15-26）。

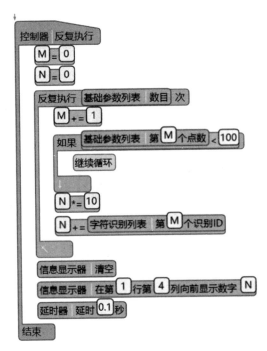

图15-26　识别显示程序

（三）硬件搭建

在连接此系统时，需要三种线型，即公公杜邦线、公母杜邦线、母母杜邦线，首先使用2根公母杜邦线将K210主控板的5V引脚和GND引脚按照模拟连线图连接到面包板上，即VCC连接到"+"一行，GND连接到"−"一行。接着按照模拟连线图用3根母母杜邦线将四位数码管与主控板的23、24、25号端口相连，使用2根公母杜邦线将其VCC引脚连接到面包板的"+"一行，GND连接到"−"一行。

由于舵机自带有连接线，并且接头为母头，因此需要用2根公公线将正负极连接到面包板上，舵机褐色线为负极，红色线为正极，即褐色线一端用公公线连接到面包板"−"行，红色线一端用公共线连接到面包板"+"行，信号橘色线按照模拟连线图用公母线连接到K210主控板7号端口。整体实物连线图如图15-27所示。

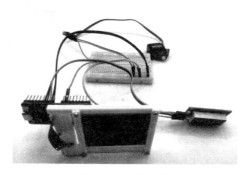

图15−27　实物连线

（四）程序下载

单击左上角Linkboy会弹出Linkboy程序下载模式选择界面，选择"vos串口协议"，单击串口号，选择串口，然后单击下载按钮（图15-28）。

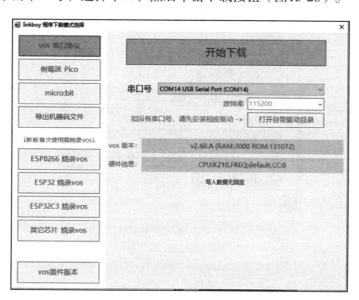

图15−28　下载串口界面

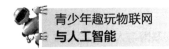

（五）舵机执行程序

在原程序基础上继续编写舵机控制程序，舵机即道闸，在反复执行下添加"舵机角度=0"，即保持档杆落下状态，在有限反复执行下方添加条件判断指令，可以随意设置4个数字，并且用A4纸打印出来，当识别到这4个数字后，会存储在N中，因此判断条件N=6581时，舵机角度设为90度，并且延迟2秒，保持抬杆状态。

将程序按照前面方法下载到主控板进行测试（图15-29）。

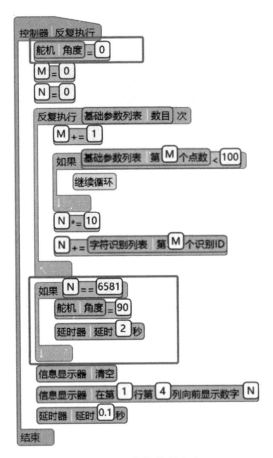

图15-29　舵机控制程序

第十六章　智能驾驶之识别红绿灯

一、项目背景

智能驾驶是一项涉及人工智能、传感器技术、计算机视觉和自动控制等多个领域的前沿技术。目前，智能驾驶已经取得了一些显著的进展，尽管完全自动驾驶技术在商业应用中仍然面临一些挑战。以下是一些关于现代智能驾驶的主要方面。

辅助驾驶系统：许多车辆现在配备了先进的辅助驾驶系统，如自适应巡航控制、车道保持辅助、自动紧急制动等。这些系统通过传感器、摄像头和雷达等设备来监测周围环境，协助驾驶员在保持车辆安全的同时提供更便利的驾驶体验。

自动驾驶试点项目：在一些地区，包括美国、欧洲和中国等地，一些公司和汽车制造商已经开始进行自动驾驶试点项目。这些试点项目通常涉及在特定区域内测试自动驾驶车辆，以收集数据、验证技术并逐步提高自动驾驶系统的可靠性。

地图和定位技术：自动驾驶车辆依赖高精度地图和定位技术，以更准确地感知和理解周围环境。同时，使用全球定位系统（GPS）、惯性导航系统和其他传感器来实现车辆的准确定位。

人机交互界面：为了提高驾驶员和车辆之间的交互效果，智能驾驶车辆通常配备先进的人机交互界面，包括语音识别、触摸屏控制和可视化显示，以便更方便地与车辆进行交互。

法规和标准：智能驾驶的推广还面临法规和标准的挑战。不同地区对自动驾驶车辆的法规和标准存在差异，需要进行协调和制订一致的规范（图16-1）。

图16-1　智能驾驶

　　尽管智能驾驶技术获得了显著的进展，但全面实现自动驾驶仍然需要克服一系列技术、法规和社会接受度等方面的挑战。不过，行业各方仍在不断努力推动这一领域的发展。

二、项目介绍

（一）汽车智能驾驶感知系统概况

　　汽车智能驾驶感知系统是一种集成了多种传感器和技术的系统，旨在使车辆能够感知和理解其周围环境，以支持驾驶决策和行为。这些系统的目标是提高驾驶安全性、增加驾驶舒适性，并为自动驾驶技术提供必要的信息。以下是汽车智能驾驶感知系统的一般概况。

　　摄像头：它是智能驾驶感知系统中的关键组件之一。高分辨率摄像头用于捕捉车辆周围的图像，支持车道保持、行人检测、交通标识识别等功能。计算机视觉技术通常用于分析和理解这些图像。

　　雷达：雷达技术被广泛用于感知车辆周围的物体和障碍物。它可以提供距离、速度和方向等信息，帮助车辆进行环境建模和障碍物避让。毫米波雷达和激光雷达是常见的类型。

　　激光雷达：它通过发射激光束并测量其返回时间来生成高分辨率的三维地图。这种技术对于检测和识别周围环境中的物体非常有用，是自动驾驶车辆中常见的感知设备。

超声波传感器：它通常用于近距离障碍物检测，例如，在停车时，它们可以提供对车辆周围环境的更细致的感知。

GPS和惯性导航系统：他们通常用于提供车辆的精确定位信息。这对于导航和路径规划至关重要。

车载通信：智能驾驶车辆通常配备车载通信模块，使其能够与其他车辆、基础设施和云端进行通信。这有助于实现车辆之间的协同行驶和获得实时交通信息。

传感器融合和感知融合：感知系统通常采用传感器融合技术，将不同传感器的数据融合在一起，以提高感知系统的准确性和可靠性。

实时数据处理：大量的感知数据需要进行实时处理，以支持车辆的实时决策。高性能计算平台和实时数据处理算法是智能驾驶感知系统的关键组成部分。

这些感知系统的集成使得车辆能够全面感知其周围环境，并为驾驶员提供更全面的信息。这对于提高驾驶安全性、实现自动驾驶功能以及开发智能交通系统都具有重要意义（图16-2）。

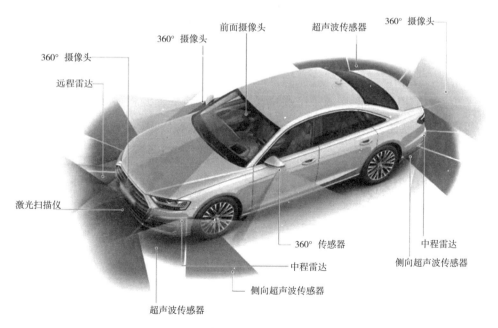

图16-2　智能感知传感器车体位置

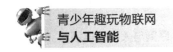
（二）智能识别红绿灯

智能识别红绿灯是智能交通系统中的一个重要技术，它通过计算机视觉和图像处理技术来自动检测和识别交通信号灯的颜色，主要包括红灯、绿灯和黄灯。这项技术在提高道路交通安全性、优化交通流量和支持自动驾驶等方面具有重要作用。

以下是智能识别红绿灯的相关介绍。

摄像头和传感器：智能交通系统通常使用安装在交叉口或道路上的摄像头和传感器来实时监测交通信号灯的状态。这些设备可以是高分辨率摄像头、红外线传感器、雷达等，用于捕捉交通场景的图像和数据。

图像处理和计算机视觉：通过图像处理和计算机视觉算法，系统能够从摄像头捕获的图像中提取红绿灯的信息。这可能涉及颜色识别、形状分析和模式匹配等技术，以确定当前交通信号灯的颜色状态。

深度学习和神经网络：近年来，深度学习和神经网络在图像识别领域取得了显著进展。通过使用深度学习模型，系统可以学习并提高对红绿灯状态判断的准确性，适应不同的环境和光照条件。

实时决策和控制：一旦交通信号灯的状态被成功识别，系统可以进行实时决策，例如，调整交通信号灯的时长，通知驾驶员或自动驾驶系统遵守交通规则。

交互和通信：智能交通系统通常与车辆、道路基础设施和城市交通管理中心等部分进行通信，以实现更高效的交通控制和信息传递。

智能识别红绿灯技术在城市交通管理、智能交通系统和自动驾驶领域中发挥着关键作用。通过提高红绿灯识别的准确性和实时性，可以改善交通流量、减少交通事故，并促进交通系统的智能化和可持续性。

三、学习任务

（1）复习K210主板学习使用。

（2）掌握机器视觉实验室设置相关参数设置。

（3）利用K210主板结合相关传感器实现智能驾驶中的红绿灯识别。

四、使用器材

Maix Bit K210主控板1块、USB Type-C数据线1根、8bit LCD1块、OV2640摄像头1个、多色灯1个、马达驱动器1个、马达2个、杜邦线若干。

五、知识准备

（一）减速电机

电机（Electric Machinery），俗称"马达"，是指依据电磁感应定律实现电能转换或传递的一种电磁装置。它是现代社会中广泛应用的重要电力设备之一，根据工作原理和结构不同，电机可以分为直流电机和交流电机两大类，它们又包括各种不同类型和用途的电机。在电路中用字母M表示。它的主要作用是产生驱动转矩，作为用电器或各种机械的动力源。

电动机主要包括一个用以产生磁场的电磁铁绕组或分布的定子绕组和一个旋转电枢或转子和其他附件组成。在定子绕组旋转磁场的作用下，其在电枢鼠笼式铝框中有电流通过并受磁场的作用而使其转动（图16-3）。

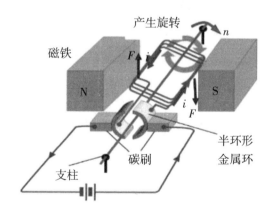

图16-3　直流电动机工作原理

直流电机是将直流电能转换成机械能（直流电动机）或将机械能转换成直流电能（直流发电机）的旋转电机。它是能实现直流电能和机械能互相转换的电机。当它作电动机运行时是直流电动机，将电能转换为机械能；作发电机运行时是直流发电机，将机械能转换为电能。

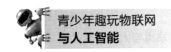

日常使用的电动机在作用上通常可以分为两种，第一种是以动力输出为主的动力类电动机，第二种是以精准控制为主的控制类电动机。动力类的电动机主要以持续输出机械能为主要目的，会通过电压等方式调整其机械能输出的快慢，智能小车驱动轮胎转动的电动机就属于这种类型。通常情况下，微型电动机、空心杯电机、震动马达等都属于动力类电动机。精准控制类电机的主要目的是为了精准地执行某个动作，如用来控制机械臂的电动机。在我们这个智能小车中会用到的舵机也属于精准控制类电动机。常见的精准控制类电动机还有伺服电机和步进电机等。

模拟小车使用TT马达作为动力输出装置，TT马达本质上是一个减速电机，它由两部分组成，一侧是130直流电机，另一侧是微型减速箱（图16-4）。

图16-4　TT马达及组成

减速箱内部包含了一组齿轮，在实际的使用中，绝大部分的电动机都要和减速箱配合使用，因为一般的电机转速都在每分钟几千转甚至1万转以上，而在实际的使用中并不需要这么快的转速，那么减速箱则可以根据不同的减速比来输出不同的转速，减速箱的另外一个用途就是在降低转速的同时，会增加输出的扭矩，给我们的直观感觉就是使转动的"力量"（扭矩实际是转动的力矩）变大（图16-5）。

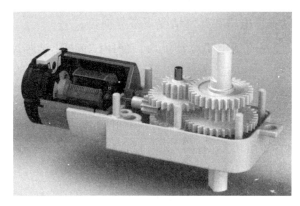

图16–5　TT马达及组成

TT马达常见的减速比有1∶48、1∶120和1∶220。意思就是可以将输出转速降低到原始电动机转速的1/48、1/120和1/220。这里采用的是1∶48的减速TT马达。通常情况下的供电电压为3～12V，空载电流在100mA左右，堵转的最大电流可能达到1.5A。而转速则受到供电电压的影响，电压越大、转速也越大。130电机本身的输出转速大概在每分钟10000转左右。

（二）马达驱动器

马达驱动器（Motor Driver）是一种电子设备，用于控制电机的运动和速度。它通常用于将电流和电压转换为适用于电机的信号，以确保电机按照预定的方式运动。马达驱动器在各种应用中都是关键的组件，从小型家用电器到工业自动化系统都可能使用到。

马达驱动器的主要作用包括以下几个方面。

电流控制：马达驱动器能够监测和控制电机的电流，确保在规定的范围内运行。这有助于防止电机过载和提高系统的稳定性。

速度控制：马达驱动器可以调整电机的运行速度，使其适应不同的应用需求。通过控制输入信号，驱动器可以精确地调整电机的转速。

方向控制：马达驱动器可以控制电机的旋转方向。这对于需要定向控制的应用非常重要，如机器人、输送带和工业自动化系统等。

能量回馈：一些高级的马达驱动器可以接收来自电机的反馈信号，如位置或速度反馈。这样的反馈机制可以用于闭环控制系统，提高系统的性能和精度。

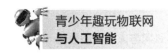
保护功能：马达驱动器通常具有各种保护功能，例如，过流保护、过热保护和短路保护，以确保电机在异常情况下不受损害。

这里采用的是2路直流电机驱动模块，使用L298N驱动芯片，这款电机驱动模块体积小、占用的控制端口较少，适合于电池供电的智能小车、机器人等使用，供电电压2～10V，可同时驱动两个直流电机，可实现正反转和调速的功能。双路工作电流1.5A，峰值电流可达2.5A，满足市面上大部分智能小车电机。

A1、A2控制直流电机A；B1、B2控制直流电机B；两路是完全独立的，接主控板信号端口。

电机A和电机B端接电机，注意正极在上。

"＋、－"接电源正负极，注意不能接反，否则会造成电路损坏（图16-6）。

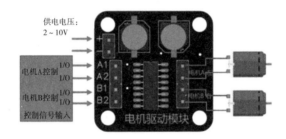

图16-6 马达驱动器

（三）机器视觉保存参数

首先运行机器视觉软件（图16-7），将K210开发板插入电脑的USB插口后，单击右侧串口号列表，选择相应的串口号，如COM14（图16-7）。

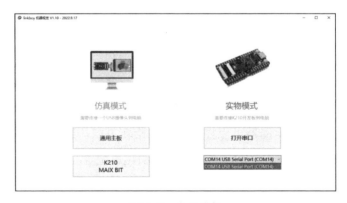

图16-7 串口选择

打开后进入主界面，在实物开发板的屏幕上可以看到摄像头画面。因此，需要将摄像头和显示屏与K210开发板进行连接。

根据提示，鼠标在右侧灰色区域移动，可以看到实物开发板的屏幕上也会有一个光标跟随移动。用A4纸打印出来红绿灯颜色，用摄像头对准红绿灯颜色，调节亮度阈值、饱和度、颜色差值（图16-8、图16-9）。

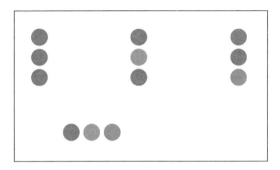

图16-8　A4纸打印的红绿灯

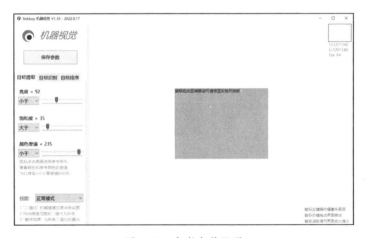

图16-9　参考参数设置

设置字符识别，这里面将颜色权重调整到较大值（图16-10）。

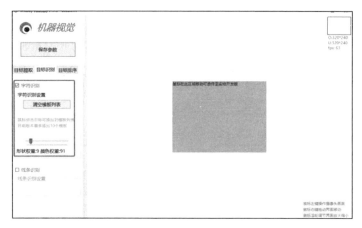

图16-10　设置字符识别

用摄像头对着红绿灯，将上面的参数调整到合适的值，能够清楚识别到3种不同颜色，单击保存参数按钮，也是将参数直接保存到K210开发板上，下次上电时，会自动加载最后一次保存的模板和参数（图16-11）。

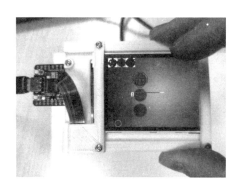

图16-11　识别操作

六、制作流程

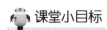 课堂小目标

（1）复习K210主控板的使用。

（2）学习减速电机、马达驱动器的使用。

（3）完成智能驾驶之识别红绿灯的设计。

开始编程

（一）硬件模拟搭建

1. 选择主控板

单击模块—其他主板—Maix Bit主控（K210）—控制器，并将控制器拖到界面中央的工作台（图16-12）。

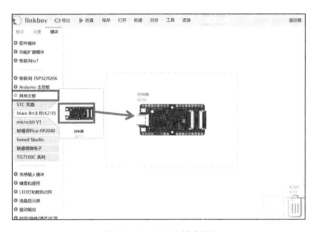

图16-12　K210控制器

2. 选择交通灯

单击模块—LED灯和数码点阵—RGB彩灯—交通灯，并将交通灯模块拖到工作台。如图16-13所示。

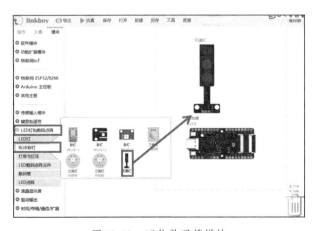

图16-13　四位数码管模块

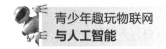

3. 选择面包板

单击模块—时间/存储/通信/扩展—辅助元件—面包板，并将面包板拖到工作台。如图16-14所示。

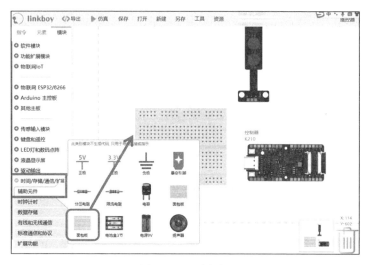

图16-14　面包板

4. 选择基础参数列表和字符识别列表

单击模块—功能扩展模块—图像识别算子—基础参数列表和字符识别列表，并将基础参数列表和字符识别列表拖到工作台。如图16-15所示。

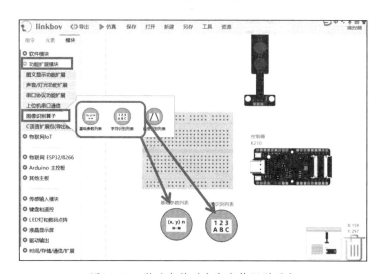

图16-15　基础参数列表和字符识别列表

5. 选择延时器

单击模块—软件模块—定时延时—延时器，并将延时器拖到工作台。如图16-16所示。

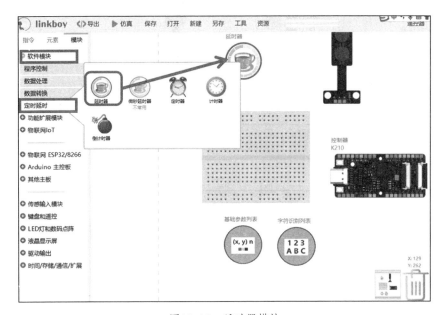

图16-16　延时器模块

6. 模拟连线

先做颜色识别程序测试，即用交通灯显示视觉模块探测到的红绿灯的颜色。

根据上节课的知识知道，K210主控板上5V端口和GND端口都只有一个，需要使用面包板来扩展端口，将K210的5V端口连接到面包板的最下端端口，K210的GND端口连接到面包板倒数第二行端口。

交通灯信号接口G口接开发板15号端口，信号Y口接10号端口，信号R口接9号端口。其GND端口连接到面包板的倒数第二排端口（图16-17）。

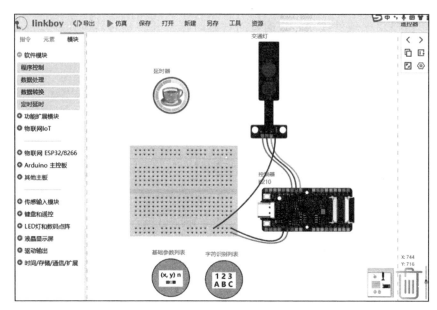

图16-17　模拟连线图

（二）识别程序编写

单击K210主控，添加控制器反复执行指令，添加模块指令，设置交通的初始状态，即红灯熄灭、黄灯熄灭、绿灯熄灭。

此时从指令中调出条件判断指令"如果……"，添加判断条件参数列表中的"基础参数列表数目=0"指令，即识别到相应参数后，参数列表不为0了，此时再判断参数内容。由于红绿灯有三个值，在识别保存参数时的红灯、黄灯、绿灯，因此向内再添加3个并列的条件判断指令，三个条件分别是"字符识别列表第1个识别ID==1""字符识别列表第1个识别ID==2""字符识别列表第1个识别ID==3"，在前面保存参数时，确定对应的顺序，上面保存的顺序是红灯、黄灯、绿灯，因此对应的执行内容分别是"交通灯红灯点亮""交通灯黄灯点亮""交通灯绿灯点亮"。具体程序如图16-18所示。在程序的尾部添加一个"延时器延时0.1秒"（图16-18）。

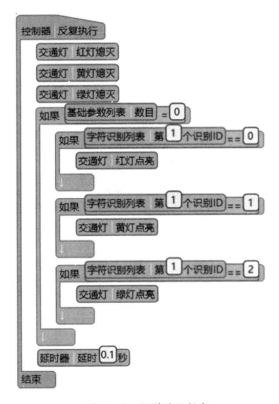

图16-18　识别显示程序

（三）硬件搭建

　　在连接此系统时，需要两种线型，即母母杜邦线、公母杜邦线，首先使用2根公母杜邦线将K210主控板的5V引脚和GND引脚按照模拟连线图连接到面包板上，即VCC连接到"+"一行，GND连接到"-"一行。接着按照模拟连线图用3根母母杜邦线将交通灯与主控板的15、10、9号端口相连，由于交通灯没有VCC端口，因此只需要使用1根公母杜邦线将其GND连接到"-"一行（图16-19）。

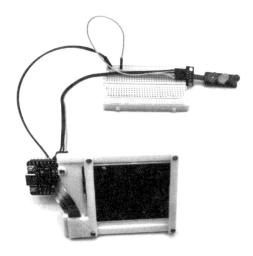

图16-19 实物接线

（四）程序下载

单击左上角Linkboy会弹出Linkboy程序下载模式选择界面，选择vos串口协议，单击串口号，选择串口，然后单击下载按钮（图16-20）。

图16-20 下载串口界面

（五）运动部分硬件模拟搭建

1.选择主控板

单击模块—驱动输出—驱动和控制—马达驱动器，并将马达驱动器拖到界面中央的工作台（图16-21）。

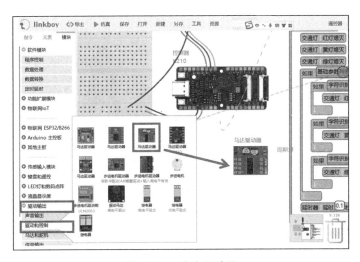

图16-21　马达驱动器

2.选择主控板

单击模块—驱动输出—马达和舵机—马达，并将马达拖2个到界面中央的工作台（图16-22）。

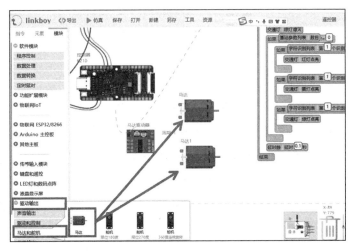

图16-22　马达

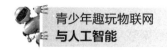

青少年趣玩物联网
与人工智能

3. 模拟连线

马达驱动器A1接主控板的25号数字管脚，A2接主控板的24号数字管脚，B1接主控板的23号数字管脚，B2接主控板的22号数字管脚。将马达连接到马达驱动器的电机A位置处，将马达1连接到马达驱动器的电机B位置处，注意连接位置（图16-23）。

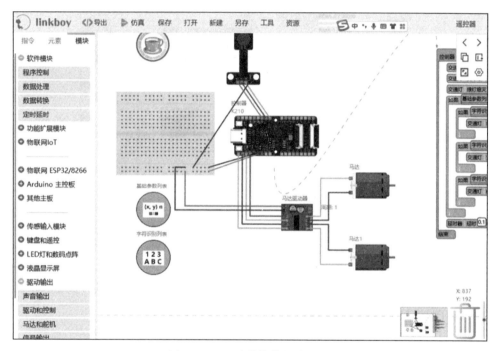

图16-23　运动模块模拟连线图

（六）运动程序编写

单击K210主控，添加"控制器初始化"指令，设置马达和马达1功率都为30，这里马达的功率设置范围是0～100，数值越大越快。

然后在上面的识别程序中添加运动执行指令，在"交通灯红灯点亮"和"交通灯黄灯点亮"下，分别设置"马达停止""马达1停止"，即停止运动；在"交通灯绿灯点亮"下，设置"马达正转""马达1正转"，即前进通行（图16-24）。

250

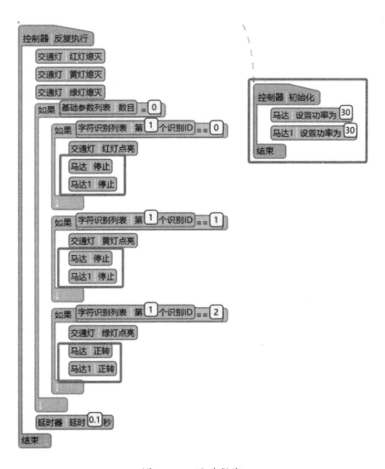

图16-24　运动程序

（七）硬件搭建

在连接此系统时，需要两种线型，即母母杜邦线、公母杜邦线，按照模拟连线图用4根母母杜邦线将马达驱动器的4个信号端口与主控板的25、24、23、22号端口按顺序连接，使用2根公母杜邦线将马达驱动器"+"引脚连接到面包板的"+"一行，"−"引脚连接到"−"一行。将减速马达上的引线连接到马达驱动器的A电机位置，注意正负极位置。然后将减速马达用螺钉固定在车架上，安装车轮，其他硬件可使用双面胶与车架进行连接（图16-25）。

图16-25 硬件搭建图

（八）程序下载测试

单击左上角Linkboy会弹出Linkboy程序下载模式选择界面，选择"vos串口协议"，单击串口号，选择串口，然后单击下载按钮。最后运行测试其效果（图16-26）。

图16-26 下载串口界面